大数据
教育丛书

Python

基础案例教程

U0277718

主　编　强　彦　郭志强
副主编　赵涓涓

西安电子科技大学出版社
http://www.xduph.com

内 容 简 介

　　本书是针对零基础读者编写的一本入门书，以案例驱动的方式讲解知识点，包含了 Python 的入门介绍、流程控制、序列、函数、对象、异常和文件等主要内容，最后给出一个大的项目案例，详细介绍了相关知识，给出了实现步骤和对应的代码。

　　本书既可作为计算机、软件工程、大数据等相关专业大学本科生、研究生的教材，也可作为各种 Python 语言编程实践班的培训教材，亦可供广大程序开发人员参考。

图书在版编目(CIP)数据

Python 基础案例教程/强彦，郭志强主编. —西安：西安电子科技大学出版社，2019.6
ISBN 978 - 7 - 5606 - 5388 - 4

Ⅰ.① P… Ⅱ.① 强… ②郭… Ⅲ.① 软件工具—程序设计—教材
Ⅳ.① TP311.561

中国版本图书馆 CIP 数据核字(2019)第 115494 号

策划编辑　万晶晶
责任编辑　马晓娟
出版发行　西安电子科技大学出版社(西安市太白南路 2 号)
电　　话　(029)88242885　88201467　　　邮　　编　710071
网　　址　www. xduph. com　　　　　　电子邮箱　xdupfxb001@163.com
经　　销　新华书店
印刷单位　咸阳华盛印务有限责任公司
版　　次　2019 年 6 月第 1 版　　2019 年 6 月第 1 次印刷
开　　本　787 毫米×960 毫米　1/16　印张　12.75
字　　数　257 千字
印　　数　1～8000 册
定　　价　36.00 元
ISBN 978 - 7 - 5606 - 5388 - 4/TP

XDUP 5690001 - 1

＊＊＊如有印装问题可调换＊＊＊

前　言

编程语言对于程序员来说意味着什么？

当一个程序员解释什么是编程的时候，通常会说："编程是告诉计算机做什么。"现实中，编程语言是程序员表达和交流思想的工具，观众是其他的程序员而不是计算机。在程序中所表达的思想会传达到终端用户，尽管这些终端用户可能不会编程甚至从来没读过代码，但是确实是用户受益。

想象下 Google 和 Facebook 这样无比成功的公司取得的难以置信的成就。他们核心的理念是"关于计算机能够为人类做些什么"，而这些核心的理念是用程序语言来表达的。最适合表达这个理念的程序语言是最受欢迎并且简单实用的，而 Python 就是当前能够满足这些需求的，且最容易表达程序员思想的高级程序语言。

Python 是一门计算机程序设计语言，从特点来看，它是一种"面向对象"的语言，同时也是一门"解释型"语言。我们知道，计算机的程序设计语言有很多，有最经典的语言 C，有面向对象的编程语言 C++、Java、C#，以及解释型语言 JavaScrpit、shell、perl 等，还有适用于数据计算的 R 语言和简便易行的 GO 语言。Python 语言能够从众多编程语言中脱颖而出，是因为它高度结合了解释性、编译性、互动性和面向对象等特性，而且具有很强的可读性，简单易学。

首先，Python 语言是一门解释型语言，它的语法更接近于人类的语言。因为它通过解释器逐行解释并执行程序，所以和 C 语言等编译型语言相比，较为占用 CPU、内存等硬件资源，执行效率和执行速度都无法媲美编译型语言。但是 Python 语言拥有强大、巨量的库，而且对 C 类语言有较强的黏合性，通过 Python 可以直接执行 C、C++、Java 等语言开发的程序，从而弥补了其性能上的不足。

其次，Python 是极少数编程语言中既简单又功能强大的编程语言。它专注于如何解决问题，而非拘泥于语法与结构。它自由开放，可以跨平台运行，且拥有巨量的库来帮助编程员更快地实现程序功能。它拥有良好的扩展性，可以结合 C、Java 等其他语言，实现特定的功能。

正如 Python 官方的解读：Python 是一款易于学习且功能强大的编程语言。它具有高效率的数据结构，能够简单又有效地实现面向对象编程。Python 简洁的语法与动态输入特性，加之其解释性语言的本质，使得它成为一种在多种领域与绝大多数平台上都能进行脚本编写与应用，并快速进行开发工作的理想语言。

本书是一本案例驱动的编程实用指南，以案例需求的方式引导读者一步一步学习编程，从简单的输出一直到完整项目的实现，让初学者从基础的编程技术入手，最终体验到软件开发的基本过程。本书的一大特色是以实例为依据，介绍了很多基于 Python 的实战技术。本书以 Python 语言的实际应用为目标，系统地训练在开发应用系统的软件工程中，安装、设计、开发和调优各个环节的相关技术及开发方法。本书从技术角度阐述开发 Python 语言系统的基本要求，并以程序开发为导向，从系统设计开发的各个技术层面设计案例，展示 Python 语言编程实战的全过程。

本书将理论与实践充分结合，发挥高校和企业的各自优势，配套了线上教学及学习平台，以案例驱动教学为核心，由案例引出知识点，简单直观地让初学者了解各知识点、单点突破、快速上手。

注：书中的"扫码做练习"如果在手机上运行不流畅，建议在电脑上做练习，网址为 http://r.alphacoding.cn/pyjc。电脑的建议配置如下：

（1）PC 或 Mac 电脑；

（2）最新版 Chrome 浏览器，或最新版 360 极速浏览器（IE 10 或以下无法支持）。

本书既可作为大学本科生、研究生相关课程的教材，也可作为各种 Python 语言编程实践班的培训教材，同时还可供广大程序开发人员参考。

本书共分为 8 章。其中第 1 章、第 2 章由太原理工大学强彦编写，第 3 章、第 4 章由山西维信致远科技有限公司郭志强编写，第 5 章、第 6 章由太原科技大学蔡星娟编写，第 7 章、第 8 章由太原理工大学赵涓涓编写，山西维信致远科技有限公司田璟霞、黄杰、岳迎春、王新娇、董东杰、潘瑞峰参与了本书的实践设计和案例开发工作，全书由强彦审阅。本书的出版得到了山西维信致远科技有限公司的大力支持和帮助，在此致以衷心的感谢。

由于编者水平有限，不当之处在所难免，恳请读者及同仁赐教指正。

编　者

2019 年 4 月

目　录

第1章

解读 Python 世界

1.1 什么是 Python

　　Python（大蟒蛇）是一种编程语言。编程语言（Programming Language）是用来定义计算机程序的形式语言，它是一种被标准化的交流技巧，用来向计算机发出指令。好比中国人和美国人沟通可能需要英语，人类和计算机沟通就需要编程语言。编程语言分为机器语言、汇编语言以及高级语言，一般我们将机器语言、汇编语言这样的偏向底层设计的语言统称为低级语言。称它们为低级语言，并不是说它们的功能少，而是相对于高级语言来说，它们太难理解、沟通，程序员的学习成本及编码难度较大。而对高级语言，程序员更加容易接受其思想，语法也更容易让人理解。其实对计算机来说，无论是高级语言还是低级语言，计算机能读懂的只有机器语言，也就是"0""1"序列。要想让计算机"痛快地干活"，我们往往需要将现实中想要实现的功能由程序员翻译成高级语言，再由计算机负责将高级语言翻译成低级语言，将低级语言翻译成机器语言，当然这个流程是由计算机完成的，程序员只要理解需求并通过高级语言实现需求即可。

　　高级语言的代表有 Python、Java、PHP、C♯、C++等。低级语言的代表有汇编语言。

　　编程语言其实也可以按另一个维度划分，即可以分为编译型语言和解释型语言。

编译型语言：通过编译器把源程序的每一条语句都编译成机器语言，并保存成二进制文件，计算机直接以机器语言来运行此程序，运行速度很快。

解释型语言：在执行程序时，通过解释器将程序语句一条一条地解释成机器语言后由计算机来执行，在执行流程上是边解释边执行，其特点是运行速度相对编译型语言来说较慢。

当然还有其他的划分方式，比如划分为静态语言和动态语言，强类型定义语言和弱类型定义语言等，这里不再赘述。

Python是一门解释型、面向对象、带有动态语义的高级程序设计语言。

现在，全世界差不多有600多种编程语言，但流行的编程语言也就20几种。如果你听说过 TIOBE 排行榜，就能知道编程语言的大致流行程度。近日，TIOBE 排行榜官方正式宣布，时隔 8 年后：Python 再一次赢得了"年度编程语言"的称号！现在学习 Python 已成为一种潮流。

1.2 Python 的由来

Python是著名的"龟叔"Van Rossum Guido 于 1989 年圣诞节期间，在阿萨姆特丹为了打发圣诞节的无趣，开发的一个新的脚本解释程序，它是 ABC 语言的一种继承。之所以选中 Python(大蟒蛇的意思)作为该编程语言的名字，是因为"龟叔"是一个名叫 Monty Python 的喜剧团体的成员。Python 的第一个发行版公开于 1991 年。Python 也是一款纯粹的自由软件，源代码和解释器 CPython 都遵循了 GPL(GNU General Public License)协议。

Python 可以应用于众多领域，如数据分析、组件集成、网络服务、图像处理、数值计算和科学计算等领域。目前业内几乎所有大中型互联网企业都在使用 Python，如 Youtube、Dropbox、BT、Quora、豆瓣、知乎、Google、Yahoo!、Facebook、NASA、百度、腾讯、汽车之家、美团等。互联网公司普遍使用Python 来做的事一般有自动化运维、自动化测试、大数据分析、爬虫、Web 等。

下面我们一起看一下 Python 之父 Van Rossum Guido 的编程理念。

Beautiful is better than ugly. 优美胜于丑陋。

Explicit is better than implicit. 明了胜于晦涩。

Simple is better than complex. 简单胜过复杂。

Complex is better than complicated. 复杂胜过凌乱。

Flat is better than nested. 扁平胜于嵌套。

Sparse is better than dense. 间隔胜于紧凑。

Readability counts. 可读性很重要。

Special cases aren't special enough to break the rules. 即使假借特例的实用性之名，也不应违背规则。

Errors should never pass silently. 错误不应该被无声地忽略。

In the face of ambiguity, refuse the temptation to guess. 当存在多种可能时，不要尝试去猜测。

Now is better than never. 现在做总比不做好。

If the implementation is hard to explain, it's a bad idea. 如果这个实现不容易解释，那么它肯定是个坏主意。

If the implementation is easy to explain, it may be a good idea. 如果这个实现容易解释，那么它很可能是个好主意。

Namespaces are one honking great idea—let's do more of those! 命名空间是一种绝妙的理念，应当多加利用。

1.3　Python 的版本区别

Python 是一门很优雅的语言，无论是选择 Python 2 还是 Python 3，都能够做出一些令人兴奋的软件项目。很多人被它的这一特点吸引过来。

Python 的 3.0 版本常被称为 Python 3000，简称 Python 3。相对于 Python 的早期版本，此版本有一个较大的升级。为了不带入过多的累赘，Python 3 在设计的时候没有考虑向下兼容。

Python 2 在 2020 年就不再被支持了，所以如果没有特殊要求，建议直接学 Python 3，现在网上针对 Python 3 的资源也很丰富。

虽然有几个关键的区别，比如 print、整数除法、对 Unicode 的支持等，但是通过做一些调整，从 Python 2 跨越到 Python 3 并不是太困难，并且在 Python 2.7 上可以轻松地运行 Python 3 的代码。重要的是，随着越来越多的开发人员和团队的注意力集中在 Python 3 上，这种语言将变得更加精细，并与程序员不断变化的需求相一致。相较而言，对 Python 2.7 的支持将会越来越少。

1.4　Python 的应用

随着大数据、人工智能等技术的迅速发展，Python 作为一门基础语言逐渐受到了人们的追捧。Python 到底能做什么？其实能用到 Python 的地方非常多，从比较前沿的数据挖掘、科学计算、网络爬虫、图像处理、人工智能到传统的 Web 开发、游戏开发，Python 都可以胜任。或许正是因为 Python 如此强大的应用场景，现在有很多的小伙伴都加入到了学习 Python 的队伍中来。不仅仅是程序员、大学生，连小学的课程中都有了 Python 的影子，也许在不久的将来，Python真的会成为人人都必须要懂的语言。

1.5 Python 的种类

Python 是一门解释器语言，要运行代码，就必须通过解释器执行。Python 有多种解释器，分别基于不同语言开发，每个解释器有不同的特点，但都能正常运行 Python 代码。以下是常用的五种 Python 解释器。

1. CPython

当从 Python 官方网站下载并安装好 Python 后，就直接获得了一个官方版本的解释器：CPython，这个解释器是用 C 语言开发的，所以叫 CPython。在命令行下运行 Python，就是启动 CPython 解释器。CPython 先将源文件(.py)转换成字节码文件(.pyc)，然后在 Python 虚拟机上运行。CPython 是使用最广的 Python 解释器。

2. IPython

IPython 是基于 CPython 的一个交互式解释器，也就是说，IPython 只是在交互方式上有所增强，但是执行 Python 代码的功能和 CPython 是完全一样的，好比很多国产浏览器虽然外观不同，但内核其实是调用了 IE 一样。

3. PyPy

PyPy 是另一个 Python 解释器，它的目标是提高执行速度。PyPy 采用 JIT 技术，对 Python 代码进行动态编译，所以可以显著提高 Python 代码的执行速度。

4. Jython

Jython 是运行在 Java 平台上的 Python 解释器，可以直接把 Python 代码编译成 Java 字节码执行。

5. IronPython

IronPython 和 Jython 类似，只不过 IronPython 是运行在微软 .Net 平台上的 Python 解释器，可以直接把 Python 代码编译成 .Net 的字节码。

在 Python 的解释器中，使用最广泛的是 CPython。对于 Python 的编译，除了可以采用以上解释器进行编译外，技术高超的开发者还可以按照自己的需求自行编写 Python 解释器来执行 Python 代码。

第 2 章

揭开 Python 程序的面纱

2.1 计算机语言

2.1.1 什么是计算机语言

计算机就是一台用来计算的机器，而将人类的一些想法通过计算机来实现需要使用计算机能读懂的语言，这种语言就称为计算机语言（编程语言）。计算机语言其实和人类的语言没有本质的区别，不同点就是交流的主体不同。

2.1.2 计算机语言的发展

计算机语言的发展经历了三个阶段，分别是机器语言、汇编语言和高级语言。

1. 机器语言

机器语言是计算机能够识别并运行的二进制编码，是计算机能读懂的唯一语言。其他所有计算机语言都必须翻译成机器语言才能被计算机执行。机器语言的优点是执行效率高，缺点是编写起来太过复杂。我们可以把机器语言看做是计算机界原始时代交流的语言。

2. 符号（汇编）语言

汇编语言是"大神"级别的程序员经常使用的语言，可以把它看做计算机界古代交流的语言。汇编语言使用符号来代替机器码，编写程序时，不需要使用二进制码，而是直接编写符号，编写完成后，需要将符号转换为机器码，然后由计算机执行。将符号转换为机器码的过程，称为汇编；将机器码转换为符号的过程，称为反汇编。汇编语言一般只适用于某些硬件，其兼容性比较差，编写难度大，但执行效率比较高。

3. 高级语言

高级语言的语法基本和现在的英语语法类似，你可以理解为已经进入了计算机界的现代社会，并且和硬件的关系没有那么紧密了。也就是说，我们通过高级语言开发的程序可以在不同的硬件系统中执行，而它的执行原理正如前面所述，最终是依靠计算机将高级语言翻译成机器语言来执行的。也正是因为计算机不能直接读懂高级语言，所以相比机器语言和汇编语言来说，高级语言的执行效率要低一点，但编程难度不大，这就是我们为什么要选择高级语言学习的原因。现在我们熟悉的编程语言基本都是高级语言，如 C、C++、C♯、Java、JavaScript、Python 等。

2.1.3 计算机语言的分类

计算机只能识别二进制编码(机器码)，所以任何的语言在交由计算机执行时都必须要先转换为机器码，比如，语句"print('hello')"必须要转换为类似"1010101"这样的机器码。根据转换时机的不同，语言分成了两大类：编译型语言和解释型语言。

1. 编译型语言

编译型语言的典型代表是 C 语言。编译型语言会在代码执行前将代码编译为机器码，然后将机器码交由计算机执行，如：

源代码 A→编译→编译后生成可被识别的机器码 B→执行

编译型语言的特点是：

(1) 执行速度特别快；

(2) 跨平台性比较差。

2. 解释型语言

解释型语言的典型代表有 Python、JS、Java 等。解释型语言不会在执行前对代码进行编译，而是一边编译一边执行：

源代码 A→解释器→解释、执行

解释型语言的特点是：

(1) 执行速度比较慢；

(2) 跨平台性比较好。

Python入门

2.2　安装 Python

1. 下载 Python 的安装包

工欲善其事，必先利其器，要做 Python 开发，首先必须要创建 Python 的运行环境。下面先下载 Python 的安装包。

官网提供的 Python 解释器的下载地址为 https://www.python.org/。

（1）选择【Downloads】选项卡，如图 2.1 所示。

图 2.1　下载 Python 安装包

（2）点击【Download Python 3.7.1】选项，下载 Python 的安装包。

由于 Windows 系统比较普及，使用广泛，因此本书统一使用 Windows 64 位操作系统作为开发平台。又由于 Python 3 和 Python 2 不兼容，而且官方表示将要放弃 Python 2 的更新维护，所以这里建议大家直接用 Python 3 开始我们的编程之旅。具体安装Python 3 的哪个版本，按自己的喜好选择即可。这里我们选择 Python 3.7.1 版本进行说明。

2. Python 的安装

成功下载 Python 的安装包后，接下来进入安装过程。

（1）双击下载包，进入 Python 的安装向导。安装非常简单，只需要使用默认的设置一直点击【Install Now】直到安装完成即可。

注意安装时点选【Add Python 3.7 to PATH】选项，如图 2.2 所示。选择这个选项的好处是，当安装完成后我们可以直接使用计算机的 cmd 命令访问Python。

图 2.2　Python 的安装界面

　　（2）安装完成后，如出现如图 2.3 所示的界面，则代表安装成功。点击【Close】关闭安装界面即可。

图 2.3　Python 安装成功界面

（3）测试 Python 环境是否安装成功。

测试 Python 安装是否成功是比较简单的。同时按下 Win 键和 R 键，调出电脑的运行窗口，如图 2.4 所示。

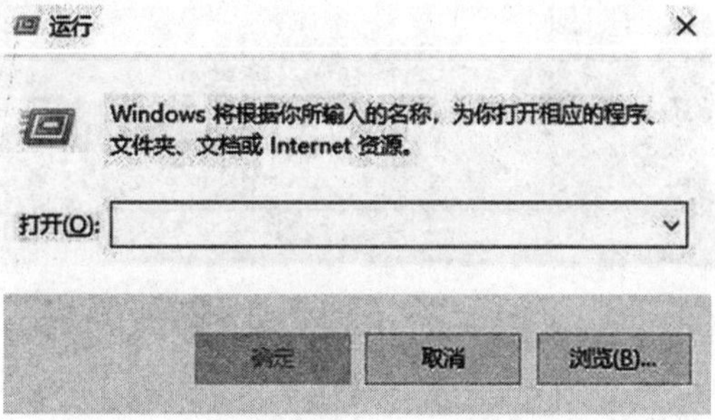

图 2.4 Windows 运行窗口

在运行窗口输入 cmd（大小写均可），点击回车，即可进入 cmd 命令行窗口，如图 2.5 所示。

图 2.5 cmd 命令行窗口

该窗口的第 1 行和第 2 行为版本及版权声明：

Microsoft Windows［版本 10.0.17134.706］

(c) 2018 Microsoft Corporation。保留所有权利。

第 3 行为命令提示符行：

C:\Users\A_hua＞

其中，"C"表示当前所在的磁盘根目录，可以通过 E: 来切换盘符（E 表示你的盘符）；"\Users\A_hua"表示所在磁盘的路径，即当前所在的文件夹，默认打开时定位到 C 盘→用户→账户目录下（账户是登录当前系统的用户名称）；"＞"为命令提示符，可以在其后直接输入指令。

在 cmd 命令行窗口输入"python"，如果命令行窗口显示 Python 的相关信息，包括 Python 的版本号、版本更新时间等，如图 2.6 所示，那么恭喜你，当前你的 Python 安装成功了！

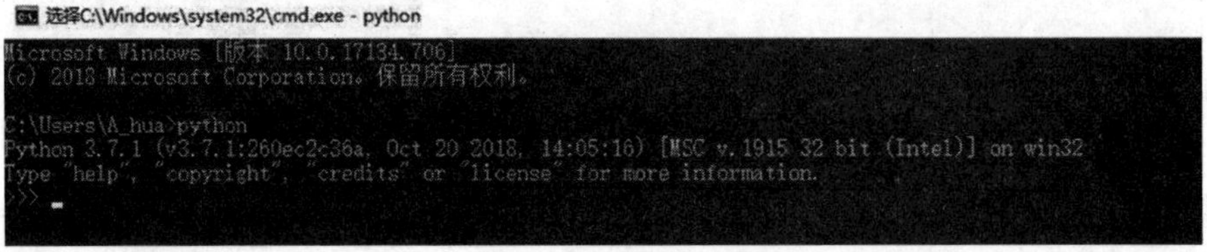

图 2.6　Python 详情

2.3　安装 PyCharm

在 2.2 节中我们完成了 Python 的安装，本节学习 Python 开发环境的搭建，也就是我们常说的 IDE（集成开发环境）的安装。此处我们选择 jetbrains 公司的 PyCharm 进行 Python 开发环境的搭建和开发。PyCharm 是一种 Python IDE，它带有一整套可以帮助用户在使用 Python 语言开发时提高其效率的工具，比如调试、语法高亮、Project 管理、代码跳转、智能提示、自动完成、单元测试、版本控制等。此外，该 IDE 还提供了一些高级功能，用于支持 Django 框架下的专业 Web 开发。

1. 下载并安装 PyCharm

（1）访问 http://www.jetbrains.com/pycharm/官方网站，点击【Download】选项卡后，选择【Community】版本（免费版）下载，如图 2.7 所示。

图 2.7　PyCharm 下载页

（2）双击下载好的安装包进行安装，首先进入安装的欢迎页面，如图 2.8 所示，直接点击【Next】进行下一步。

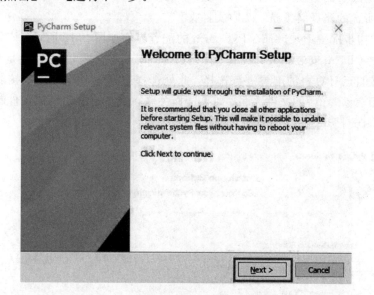

图 2.8 安装 PyCharm 的欢迎界面

（3）选择 PyCharm 的安装路径。如图 2.9 所示，该页面展示的是 PyCharm 的安装路径，可以自行更改。更改之后，点击【Next】进行下一步操作。

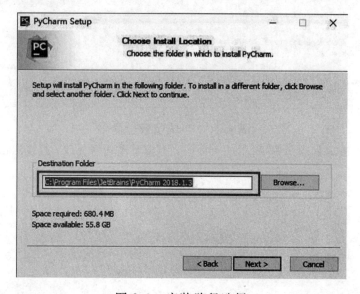

图 2.9 安装路径选择

注意：

① 更改后的路径中不能包含中文；

② 所选的路径必须是一个空文件夹。

（4）初步配置 PyCharm。PyCharm 的配置界面如图 2.10 所示，该界面展示的是与 PyCharm 安装相关的配置。首先选择计算机系统是 32 位的还是 64 位的，读者可按自己计算机的配置进行选择，此处选择第二个，即 64 位；接着选择是否与后缀名为".py"的文件关联，如果选择关联，则以 .py 结尾的文件都默认使用 PyCharm 打开。选择好之后点击【Next】。

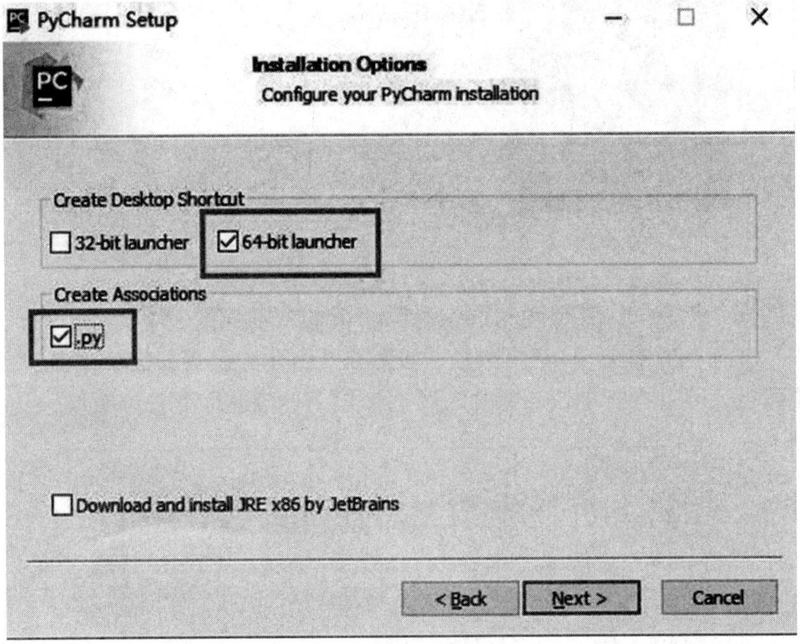

图 2.10　系统位数选择

（5）在进入如图 2.11 所示的页面时，不需要做任何更改，直接点击【Install】即可。

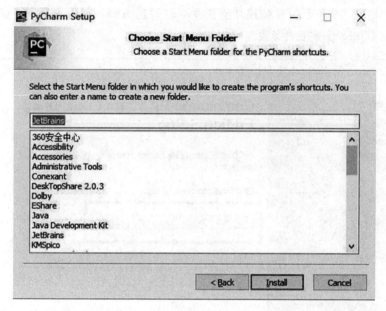

图 2.11 选择开启时的文件路径

图 2.12 所示是安装进度页面，不需要进行操作，安装完成后页面将自动跳转到图 2.13 所示的安装成功界面。

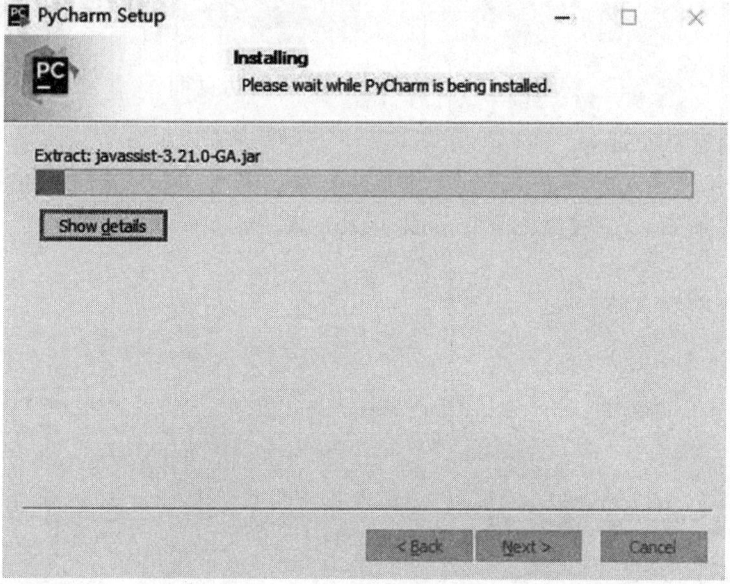

图 2.12 PyCharm 安装进度页面

在如图 2.13 所示的安装成功页面中，若勾选方框，则代表运行 PyCharm，最后点击【Finish】即完成安装。

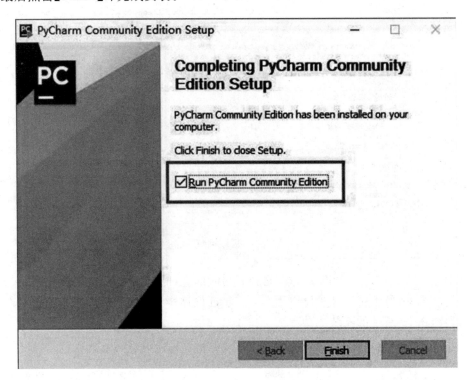

图 2.13　PyCharm 安装成功页面

2. 配置 PyCharm

如果是第一次运行 PyCharm，则系统会默认弹出一个开发环境的配置界面，如图 2.14 所示。点选【Do not import settings】，表示不导入配置文件。

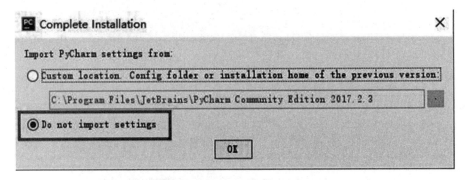

图 2.14　PyCharm 配置选择

点击【OK】按钮后，会接着弹出如图 2.15 所示的页面，在该页面中，我们需要将【IDE theme】项修改为"Windows"，表示 PyCharm 内置的操作系统与 Windows相关。其他不做修改。点击【OK】即可。

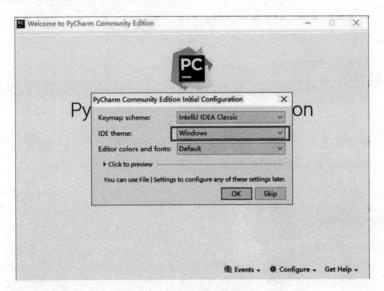

图 2.15　IDE 环境

如图 2.16 所示，如果之前没有创建过 Python 工程，就需要点击【Create New Project】创建一个新的 Python 工程；如果之前创建过 Python 工程，就点击【Open】打开以前的 Python 工程。此处我们一起创建一个新的 Python 工程。

图 2.16　创建新的工程

如图 2.17 所示，创建新工程时需要在【Location】后的文本框中输入新建工程的路径。建议修改默认路径。需要注意的是：路径中不能包含中文，不能以数字开头，而且必须是一个空的文件夹。修改好之后点击右下角的【Create】进行创建。例如要创建一个维信科技的工程，我们可以在 E 盘创建一个名为【py_wxkj】的空文件夹。

图 2.17　保存文件位置

工程创建好之后会弹出一个欢迎标签，直接点击【Close】关闭即可。如果需要新建 Python 文件，则用鼠标右键点击图 2.18 中的方框内容。

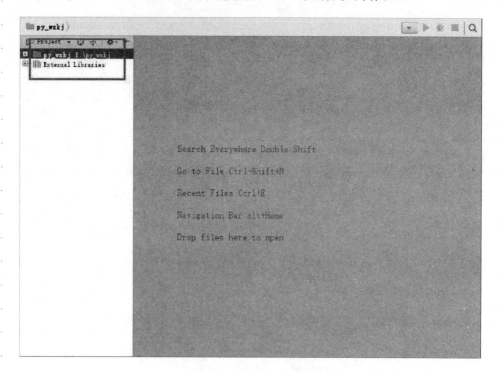

图 2.18　项目名称创建

如图 2.19 所示，在方框中输入一个文件的名字，名字的要求和之前相同，即不能出现中文，也不能以数字开头。例如，"维信科技"可以替换为"WeiXinKeJi"。然后点击【OK】按钮。

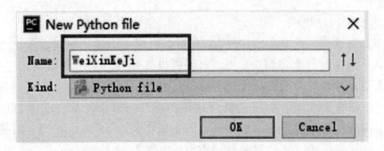

图 2.19 文件命名

点击【OK】之后，PyCharm 的界面会有所改变，如图 2.20 所示。至此，我们一共起了两个名字：箭头左面的"py_wxkj"是工程名字；箭头右面的"WeiXinKeJi.py"是 Python 文件的名字。

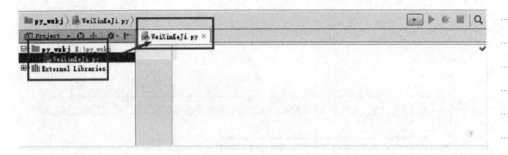

图 2.20 打开 Python 文件

2.4 Python 入门

接下来让我们走进 Python 世界，一起编写我们的第一个 Python 程序。该程序要求在 py_wxkj 工程中，创建名为 HelloPython.py 的文件，实现的功能是在 PyCharm 环境中输出"Hello Python"的英文字样。

2.4.1 Hello Python 案例

1. 案例代码

在 py_wxkj 工程中创建名为 HelloPython.py 的 Python 文件，输入我们的第一行 Python 代码：

```python
print("Hello Python")
```

接着点击鼠标右键，执行【Run 'HelloPython.py'】命令，运行此代码。

2. 案例运行结果

程序运行之后，在 PyCharm 的最下面会出现一个输出框，如图 2.21 所示。我们将这个输出框称为控制台。控制台的输出部分（图 2.21 中箭头所指的部分）由三个部分组成。第一个部分表示 Python 的默认执行路径和当前项目的具体位置。第二个部分表示当前项目的执行结果。第三个部分表示当前项目的执行情况，如果执行正常，则会显示【Process finished with exit code 0】；如果执行失败，则会显示错误的具体位置和错误类型，如图 2.21 所示。

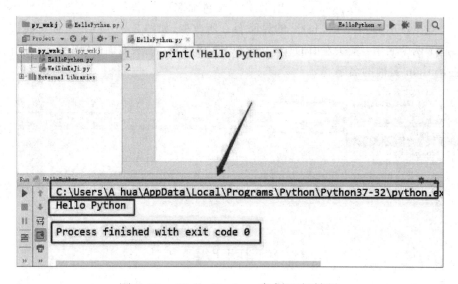

图 2.21　Hello Python 案例运行结果

当控制台中出现"Hello Python"的英文字样时，恭喜你！你已经与 Python 进行了一次亲密接触。

☆本节案例中涉及的知识点有：Python 基础语法、print()函数的使用。

2.4.2　Python 的基本语法

（1）Python 与大部分编程语言一样，在编写时要严格区分大小写。例如，如下所示的这段代码在 Python 中是错误的：

```
Print('Hello Python')
```

（2）Python 中一行就是一条语句，每条语句以换行结束。

（3）每一行语句不宜太长，在 Python 的编码规范中建议每行代码不超过 80 个字符。

（4）如果需要编写一条语句并且分多行编写，那么在每行语句中都要加引号来包裹代码。代码示例如下：

```
print('大家好'
    '我是 wxkj'
    'python 老师')
```

（5）Python 是缩进严格的语言，这一点与其他的语言有所区别，因此在Python中不要随便缩进。例如：

```
print('大家好')
    print('非常高兴')
```

运行上面的代码后我们会发现程序发生了错误。Python 中的缩进可以理解为缩进的代码是被上面代码所包含的，或者说缩进的代码是上面代码的子代码块。如果大家学过 Java，那么可以理解为 Python 中的缩进就相当于是 Java 中的大括号"{}"，所以我们在后面使用缩进的时候一定要看清楚上下代码的关系。

2.4.3 print()函数

观察前面案例的运行结果，发现控制台输出了"Hello Python"的内容。案例代码中用到了一个函数，即 print()函数，这个函数的功能是输出()中的内容到控制台。

如本节案例代码所示，在 print()函数的括号中加入想要输出的字符串，就可以向控制台上输出指定的内容。比如程序员喜欢的输出"Hello World"，用代码实现如下：

```
print('Hello World')
```

如果我们希望输出更多的内容，如"Hello World，I am coming！"，那么可以直接修改为 print('Hello World，I am coming！')。其实还有另外一种实现方式。print()函数也可以接收多个字符串，用逗号隔开，就可以连成一串输出：

```
print('Hello World',',','I am coming')
```

print()函数会依次输出每个字符串，遇到逗号会输出一个空格，因此，输出的字符串如图 2.22 所示。

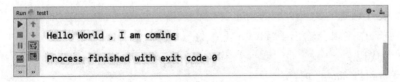

图 2.22 逗号间隔的运行结果

print()函数也可以输出运算结果，或者其他数据类型。代码示例如下：

```
print(123)
```

```
print(1+2)
print(True)
print('我的年龄是',12)
```

程序运行结果如图 2.23 所示。

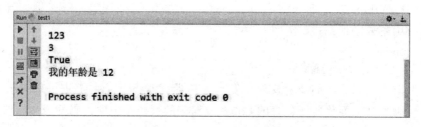

图 2.23　print()函数的输出结果

我们可以看出，Python 的语法是极其简单的，要在控制台里面输出"Hello Python"，只需要使用 print()函数在单引号中写入相应内容就可以实现。在这里我们有必要看看，把单引号换成以下的形式后的输出结果：

```
print("Hello Python")
print("'Hello Python'")
```

程序运行结果如图 2.24 所示。

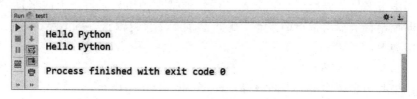

图 2.24　双引号和三引号输出 Hello Python

大家可以看到，结果和单引号的输出是一样的，这是 Python 中非常简单的用法，一般我们习惯使用单引号或者双引号。

2.4.4　提升训练及作业

1. 提升训练

（1）请在控制台输出："Hello 上午好"。

参考代码：

```
print('Hello 上午好')
```

（2）请在控制台输出："我是 wxkj 的学生，今天学习了 Python 的基本语法"。

参考代码：

```
print('我是 wxkj 的学生，今天学习了 Python 的基本语法')
```

扫码做练习

2. 作业

请根据图 2.25 的格式，利用 print() 函数在控制台打印出图中内容。

图 2.25 购物选择

2.5 注释

在任何编程语言中，都存在注释，注释的主要功能是让其他用户可以方便地阅读每段程序，即用注释可以提高程序的可读性，或者在开发中可以通过注释屏蔽掉一些暂时不用的代码，等需要时去掉屏蔽即可。

2.5.1 注释案例

1. 案例代码

在程序中加入注释，可以用 ♯ 与 "" "" 来添加。代码如下：

```
print("注释讲解")    ♯本行代码的作用是输出字符串 hello python
'''
这是 python 的多行注释结构，
我们可以在这里面写大量的注释
'''
```

2. 案例运行结果

案例运行的结果如图 2.26 所示。大家可以看到，注释的内容并未显示在控制台中。

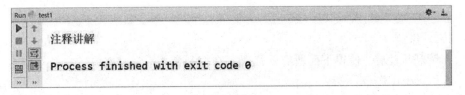

图 2.26 注释案例运行结果

☆本节案例中涉及的知识点有：单行注释、多行注释。

2.5.2 单行注释

单行注释以♯开头，♯右边的所有内容只起辅助说明作用，而不是真正要执行的程序。注释的内容不会被编译，程序运行时会直接跳过。

PyCharm环境下，当选中代码后，同时按住Ctrl＋/，被选中行将被作为注释处理，再次按下Ctrl＋/，注释将被取消。如果没有选中代码，按快捷键将默认注释光标所在的整行。

2.5.3 多行注释

由于单行注释只能对♯后的内容起注释的作用，所以PyCharm引入多行注释，可以对多行内容进行说明。

多行注释以'''开头，以'''结束(这里'''为英文状态下的三个单引号)。注释说明的内容由'''包裹即可，在Python中没有明确的格式规定。

2.5.4 提升训练及作业

1. 提升训练

在下列代码中添加注释，让"我是第三行"这段字符串在控制台不打印。

```
print('我是第一行')
print('我是第二行')
print('我是第三行')
print('我是第四行')
print('我是第五行')
```

参考代码：

```
print('我是第一行')
print('我是第二行')
♯ print('我是第三行')
print('我是第四行')
print('我是第五行')
```

2. 作业

请利用注释，使得下面所有的代码不在控制台显示。

```
print('我是第一行')
print('我是第二行')
print('我是第三行')
print('我是第四行')
```

扫码做练习

```
print('我是第五行')
```

变量的简单运算

2.6 变量和常量

在 Python 中，变量的概念基本上和数学中的方程变量是一致的。例如，对于方程式 y＝x＊x，x 就是变量。当 x＝2 时，计算结果是 4；当 x＝5 时，计算结果是 25。

只是在计算机程序中，变量不仅可以是数字，还可以是任意数据类型。变量利用声明的方式将内存中的某个内存块保留下来以供程序使用。

2.6.1 变量案例

1. 案例代码

在程序中定义一个变量，通过打印输入变量值的形式，尝试获取变量里的值。代码如下：

```
num ＝10   '''定义一个变量并赋值为 10，其中 num 为变量名，＝为赋值运算符，10
            为常量'''
print('第一次输出 num', num)
num ＝20   ＃将变量内容修改为 20
print('修改之后输出 num', num)
```

2. 案例运行结果

案例运行的结果如图 2.27 所示。大家可以看到，在控制台输出了变量 num 的值。

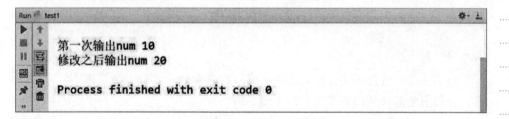

图 2.27　变量案例运行结果

☆本节案例中涉及的知识点有：字面量、变量、常量、赋值、标识符。

2.6.2 字面量

在计算机科学中，字面量(literal)是用于表达源代码中一个固定值的表示法(notation)。几乎所有计算机编程语言都具有对基本值的字面量表示，如整数、浮点数以及字符串；而有很多编程语言也支持对布尔类型和字符类型的值的字面量表示；还有一些编程语言甚至支持对枚举类型的元素以及数组、记录和对象等复合类型的值的字面量表示。

总的来说，字面量就是一个一个的值，如1、2、3、4、5、6、"HELLO"。字面量所表示的意思就是它的字面的值，在程序中可以直接使用字面量。

2.6.3 变量

变量（variable）来源于数学，是计算机语言中能存储计算结果或能表示值的抽象概念。变量可以通过变量名访问。在指令式语言中，变量通常是可变的。

变量可以用来保存字面量，并且变量中保存的字面量是不定的。变量本身没有任何意思，它会根据不同的字面量表示不同的意思。

注意：一般我们在开发时，很少直接使用字面量，都是将字面量保存到变量中，通过变量来引用字面量。

1. 变量定义

变量是计算机内存中的一块区域，存储规定范围内的值，值可以改变。通俗地说，变量就是给数据起个名字。代码示例如下：

```
＃定义学生的名字并赋值
name＝'小明'
```

2. 变量的分类

变量可以分为两类：不可变变量和可变变量。其中，不可变变量通常包括数字、元组、字符串（value 值改变的时候会指向一个新的地址）等；可变变量通常包括列表、字典（value 值改变，id 不变）、序列等。

2.6.4 常量

所谓常量，就是固定的值，比如常用的数学常数 π 就是一个常量。在 Python 中，通常用全部大写的变量名表示常量：PI＝3.14。

Python 中没有专门定义常量的方式，通常使用大写变量名表示，仅仅是一种提示效果，如 NAME＝'tony'（本质还是变量）。

2.6.5 赋值

对变量赋值的意思是将值给了变量。赋值完成后，变量所指向的存储单元存储了被赋的值。在 Pyhton 语言中，赋值操作符有＝、＋＝、－＝、＊＝、/＝、%＝、＊＊＝、//＝等。对于 Python 中的变量赋值，有以下规定：

（1）Python 中的变量必须要先声明，然后才能使用，不可以使用没有声明的变量。变量的赋值就是变量声明和定义的一系列过程，在声明的同时给变量赋值。

（2）每个变量在使用前都必须赋值，变量赋值以后该变量才会被创建。例如，name 表示变量，"王小烨"这个名字表示 name 的值的代码如下：

```
name ='王小烨'
```

（3）赋值号"="用来给变量赋值，"="左边是一个变量名，"="右边是存储在变量中的值。把"="右面的值赋值给"="左边的变量，那么当前变量就有值了。可以通过直接操作变量来调用或者修改存入变量中的值。代码示例如下：

```
name ='维小信'
print('我是' + name)    # 打印输出
```

上面程序运行的结果如图 2.28 所示。

图 2.28　赋值语句运行结果

（4）在写程序的时候，会遇到多个变量值相同的情况，Python 支持同时为多变量赋值。例如，给 a、b、c 三个变量同时赋值，值为"235"的代码如下：

```
a = b = c =235     # 在 Python 中同时可以为多个变量指定相同的值
print('变量 a 中的值为：' + a)    # 输出变量 a
print('变量 b 中的值为：' + b)    # 输出变量 b
print('变量 c 中的值为：' + c)    # 输出变量 c
```

上面程序运行的结果如图 2.29 所示。

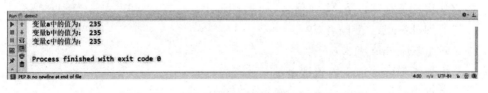

图 2.29　多个变量同时赋值语句运行结果

Python 同样支持同时为多个变量赋不同的值。例如，给 name、age、type 三个变量同时赋值，值分别为"小明"、"18"、"男"，代码如下：

```
name , age , sex ='小明', '18', '男'
print('我是' + name + ', 今年' + age + '岁了，性别是' + sex)
```

上面程序的运行结果如图 2.30 所示。

图 2.30　不同变量同时赋不同值的运行结果

2.6.6　标识符

标识符用于 Python 语言中的变量、关键字、函数、对象等数据的命名。标识符的命名需要遵循下面的规则：

(1) 可以由字母(大写 A～Z 或小写 a～z)、数字(0～9)和_(下划线)组合而成，但不能以数字开头；

(2) 不能包含除_以外的任何特殊字符，如％、♯、＆、逗号、空格等；

(3) 不能包含空白字符(换行符、空格和制表符称为空白字符)；

(4) 不能是 Python 语言的关键字和保留字；

(5) 区分大小写，如 num1 和 Num1 是两个不同的标识符；

(6) 标识符的命名要有意义，做到见名知意。

正确标识符的命名示例：

width、height、book、result、num、num1、num2、book_price

错误标识符的命名示例：

123rate(以数字开头)、Book Author(包含空格)、Address♯(包含特殊字符)、class(calss 是类关键字)

2.6.7　提升训练及作业

1. 提升训练

使用变量存储以下 MP3 信息，并打印输出：

品牌(brand)：爱国者 F928

重量(weight)：12.4

电池类型(types)：内置锂电池

价格(price)：499

参考代码：

```
brand ='爱国者 F928'
weight = 12.4
types ='内置锂电池'
price =499
```

扫码做练习

2. 作业

现有两个变量 num1＝10 和 num2＝20，如何能做到交换两个变量的值？

2.7 数据类型

前面我们已经学习了如何定义和使用变量，接着我们学习数据类型。在生活中，有很多种数据类型，如数字、真假、字符等。Python 作为面向对象的编程语言，为了应对不同的情景，也有很多种数据类型。

2.7.1 数据类型案例

1. 案例代码

面对不同的值，Python 有不同的数据类型与之对应。下面我们先查看一下程序中变量的使用方式，代码如下：

```
＃整数类型和浮点数类型
num1 = 10            ＃ 定义 num1 并赋值
num2 ＝4             ＃ 定义 num2 并赋值
num3 = num1/num2    ＃ 计算结果赋值给 num3
print(num3)          ＃ 输出 num3
print(type(num1))    ＃ 判断类型
print(type(num3))    ＃ 判断类型
＃字符串
str = "hello"        ＃ 定义 str 并赋值
print(str)           ＃ 输出 str
print(type(str))     ＃ 判断类型
```

2. 案例运行结果

案例运行后，首先输出 num3 的值，然后输出 num1 和 num3 的数据类型。我们发现，num1 和 num3 的数据类型不一样，由 int 变为了 float，也就是说，由整型变为了浮点类型。运行结果如图 2.31 所示。

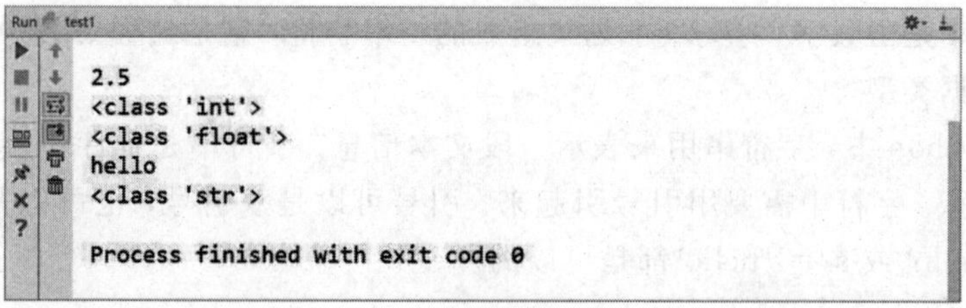

图 2.31　数据类型案例运行结果

☆本节案例中涉及的知识点有：数据类型、数值、字符串、转义字符、字符串强化、布尔值、空值。

2.7.2 数据类型概念

数据类型是一个值的集合以及定义在这个值集上的一组操作。通常来说，数据类型指的就是变量的值的类型，也就是可以为变量赋哪些值。在 Python 中的数据类型主要有整型、布尔型、浮点型、字符串、空值等。

2.7.3 整型和浮点型

在 Python 中，数值类型分成整型和浮点型(小数)两种。

1. 整型

在 Python 中，所有的整数都是整型，即 int 类型。Python 中的整数的大小没有限制，可以是一个无限大的整数。如果数字的长度过长，可以使用下划线作为分隔符，如 c = 123_456_789。程序运行时，会自动忽略下划线。

十进制的数字不能以 0 开头，如 d = 0123 是不对的。在输出数字时，就算存储时是其他进制的整数，只要是数字输出，一定是以十进制的形式显示的。

其他进制形式：

(1) 二进制数以 0b 开头，如 c = 0b10(这是二进制的 10)。

(2) 八进制数以 0o 开头，如 c = 0o10。

(3) 十六进制数以 0x 开头，如 c = 0x10。

2. 浮点型(小数)

浮点数也称为小数，在 Python 中，所有的小数都是浮点型，即 float 类型。

注意：对浮点数进行运算时，可能会得到一个不精确的结果。例如，c = 0.1 + 0.2 的结果是 0.30000000000000004。

2.7.4 字符串

字符串是由数字、字母、下划线组成的一串字符，它是编程语言中用于表示文本的数据类型。

在 Python 中，字符串用来表示一段文本信息。字符串是程序中使用得最多的数据类型。字符串需要用引号引起来。引号可以是双引号，也可以是单引号，如 s = 'hello' 或 s = "hello"都是可以的。

注意：

(1) 引号不可以混着用。例如：s = 'hello"会报错：SyntaxError：EOL while

scanning string literal。

（2）相同的引号之间不能嵌套。例如：

　　　s = "子曰:"学而时习之，不亦说乎? 有朋自远方来，不亦乐乎? 人不知而不愠，不亦君子乎? ""

是错误的。正确的使用方式为

　　　s = '子曰:"学而时习之，不亦说乎? 有朋自远方来，不亦乐乎? 人不知而不愠，不亦君子乎? "'

（3）单引号和双引号都不能跨行使用。如果需要跨行使用，可以加一个斜杠。例如：

　　　s = '锄禾日当午，\

　　　汗滴禾下土。\

　　　谁知盘中餐，\

　　　粒粒皆辛苦'

（4）三重引号可以换行，并且会保留字符串中的格式。例如：

　　　s = '''锄禾日当午，

　　　汗滴禾下土。

　　　谁知盘中餐，

　　　粒粒皆辛苦'''

2.7.5　转义字符

可以使用\作为转义字符。通过转义字符，可以在字符串中使用一些特殊的内容，如表 2.1 所示。

表 2.1　转义字符

符　　号	表　　示
\'	'
\"	"
\t	制表符
\n	换行符
\\	反斜杠
\uxxxx	Unicode 编码

2.7.6　字符串强化

字符串是最常用的数据类型，关于它的相关用法也有很多，下面进行详细说明。

1. "＋"号拼接

字符串之间可以进行加法运算，如果将两个字符串进行相加，则会自动将两个字符串拼接为一个。不过这种写法在 Python 中不常见。代码示例如下：

```
a ='abc' ＋ 'haha' ＋ '哈哈'
print('a 的值为：' ＋ a)
```

程序运行结果如图 2.32 所示。

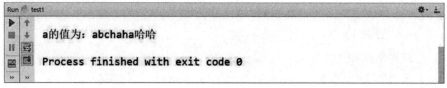

图 2.32　字符串相加

注意：字符串不能和其他的类型的数据进行加法运算，否则会出现异常提示：TypeError：must be str，not int。例如，a ＝ 123print（"a ＝ " ＋a)是错误的。

2. 多个参数

在"＋"号拼接的打印语句中，如果出现非字符串类型的变量，就会报错。为了避免这种情况，就用","号拼接。两种拼接方式的代码示例如下：

```
a ='abc' ＋ 'haha' ＋ '哈哈'
print("a =",a)
b =123
print('b =',b)
```

程序运行结果如图 2.33 所示。

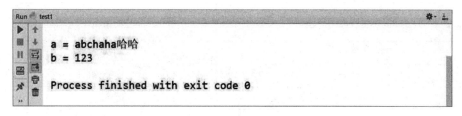

图 2.33　逗号拼接输出

3. 占位符

在创建字符串时，可以在字符串中指定占位符。

"%s"在字符串中表示任意字符占位符。代码示例如下：

```
b ='Hello %s'%'孙悟空'
print('b=',b)
```

程序运行结果如图 2.34 所示。

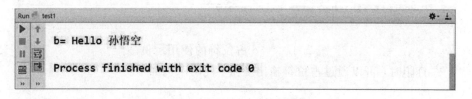

图 2.34 %s 占位符的使用示例

如果要创建多个占位符，那么占位符的个数前后必须一致。代码示例如下：

```
b ='hello %s 你好 %s'%('tom','孙悟空')
print('b=' , b)
```

程序运行结果如图 2.35 所示。

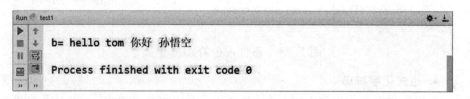

图 2.35 占位符前后一致

"%f"表示浮点数占位符，可以进位。小数点后的数字表示要留的位数。代码示例如下：

```
b ='hello %.2f' %123.456
print('b=' , b)
```

程序运行结果如图 2.36 所示。

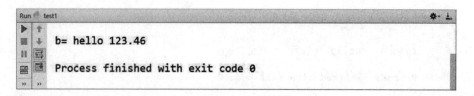

图 2.36 %f 占位符的使用示例

"%d"表示整数占位符，直接舍去小数位。代码示例如下：

```
b ='hello %d' %123.95
print('b=' , b)
```

程序运行结果如图 2.37 所示。

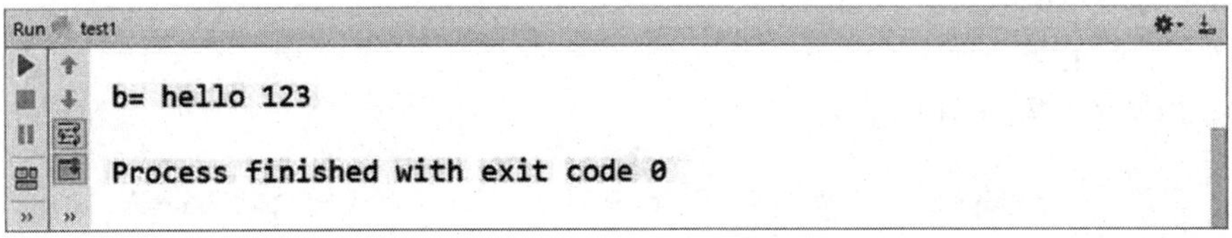

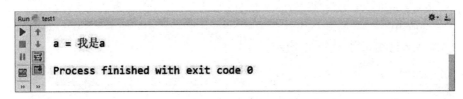

图 2.37　%d 占位符的使用示例

在打印时，可以通过占位符输出变量。代码示例如下：

```
a ='我是 a'
print('a = %s' %a)
```

程序运行结果如图 2.38 所示。

图 2.38　通过占位符输出变量

4. 格式化字符串

可以通过在字符串前添加一个 f 来创建一个格式化字符串。在格式化字符串中可以直接嵌入变量。代码示例如下：

```
a ='我是变量 a'
b ='我是变量 b'
c =f'hello {a} {b}'
print('c 的值为：', c)
```

程序运行结果如图 2.39 所示。

图 2.39　添加 f 格式化字符串示例

5. 字符串的赋值

字符串的赋值是将字符串和数字相乘。"＊"在 Python 语言中表示乘法，如果将字符串和数字相乘，则解释器会将字符串重复指定的次数并返回，返回的结果需要重新赋值接收。代码示例如下：

```
a='- -'
a = a * 10
print(a)
```

程序运行结果如图 2.40 所示。

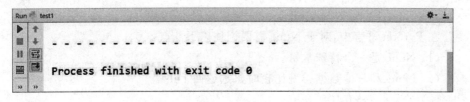

图 2.40 字符串和数字相乘示例

2.7.7 布尔型

布尔型的简称为 bool。在 Python 中，布尔型数据主要用来做逻辑判断。布尔型数据共有 True 和 False 两个值，True 表示真，False 表示假。代码示例如下：

```
a = True
b = False
print('a =' , a)
print('b =' , b)
```

程序运行结果如图 2.41 所示。

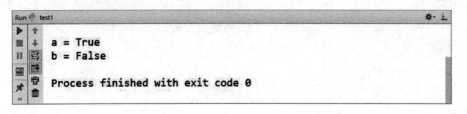

图 2.41 布尔型数据输出示例

布尔型实际上也属于整型，True 就相当于 1，False 就相当于 0。

2.7.8 空值

空值即 None(空值)，用来表示不存在。代码示例如下：

```
b = None
print('b =' , b)
```

程序运行结果如图 2.42 所示。

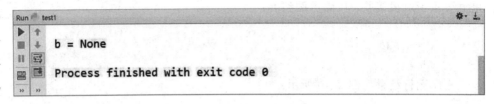

图 2.42　空值输出示例

在 Python 语言中,对于 None 需要记住以下几点:

(1) None 是一个特殊常量。

(2) None 和其他数据类型比较时永远返回 False。

(3) None 不是 0。

(4) None 不是空字符串。

(5) None 有自己的数据类型 NoneType。

2.7.9　提升训练及作业

1. 提升训练

在控制台中输出学生的考试信息,信息中包含学生名字(小远)、成绩(98.5)以及学生的性别(男),如图 2.43 所示。

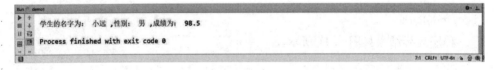

图 2.43　多类型内容输出

参考代码:

```
score=98.5
name='小远'
sex='男'
print('学生的名字为:',name,',性别:',sex,',成绩为:',score)
```

2. 作业

打印出用户购物的结算小票,给出的信息如下:

① T 恤单价:245 元,球鞋单价:430 元,网球拍单价:320 元;

② 该用户总共购买了 2 件 T 恤、1 双球鞋和 2 个网球拍。

请把上述所有数据存储在变量中,并在控制台打印出购物小票。

扫码做练习

2.8 数据类型转换

Python支持不同数据类型之间互相转化，可以利用int()、float()、str()、bool()这些函数对原类型进行转换。

2.8.1 数据类型转换案例

1. 案例代码

首先给变量a赋值123，判断当前的数据类型，然后通过类型转换将变量a转换为字符类型。代码如下：

```
a = 132
print('当前a的类型为：', type(a))
a = str(a)
print('重新赋值后a的类型为：', type(a))
```

2. 案例运行结果

判断变量a的初始类型为.int类型，通过类型转换之后，a的类型变为字符类型。运行结果如图2.44所示。

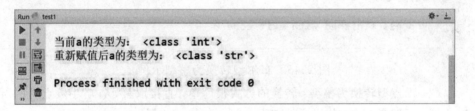

图2.44 数据类型转换案例运行结果

☆本节案例中涉及的知识点有：数据类型检查、数据类型转化。

2.8.2 数据类型检查

数据类型检查即检查变量中存储的值的类型。

type()函数就是用来检查值的类型的，该函数会将检查的结果作为返回值返回，可以通过变量来接收函数的返回值。

类型预览：

```
print(type(1))      <class 'int'>
print(type(1.5))    <class 'float'>
print(type(True))   <class 'bool'>
```

```
print(type('hello'))    <class 'str'>
print(type(None))    <class 'NoneType'>
```

2.8.3 类型转换函数

所谓类型转换，就是将某一个类型的对象转换为其他类型对象。类型转换不是改变对象本身的类型，而是根据当前对象的值创建一个新对象。

类型转换函数共有四个，分别为 int()、float()、str()和 bool()。

1. int()函数

int()函数可以将其他类型的对象转换为整型，转换规则为：

（1）布尔型转换为整型：如果被转换的值为 True，那么转换之后的值变为 1；如果被转换的值为 False，那么转换之后的值变为 0。代码示例如下：

```
a = False
a = int(a)
print('a 的值变为：', a)
```

程序运行结果如图 2.45 所示。

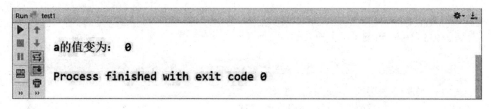

图 2.45　布尔型转换为整型示例

（2）浮点型转换为整型：转换的方式很简单，直接取整，省略小数点后的所有内容，不四舍五入。代码示例如下：

```
a = 3.946
a = int(a)
print('a 的值变为：', a)
```

程序运行结果如图 2.46 所示。

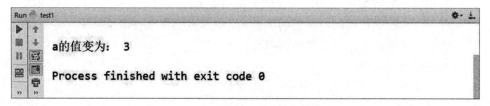

图 2.46　浮点型转换为整型示例

（3）字符串转换为整型：由于字符串的类型比较复杂，所以只能转换合法的整数字符串。如果字符串中包含了非整型内容，那么程序在执行时将报错；如果字符串合法，那么会直接将整数字符串转换为对应的数字。代码示例如下：

```
a ='35'
a =int(a)
print('a 的值变为：', a)
```

程序运行结果如图 2.47 所示。

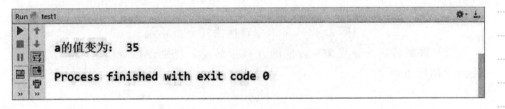

图 2.47　字符串转换为整型示例

一个浮点数字符串不能转换为整型，否则会报错：ValueError：invalid literal for int() with base 10：'11.5'。例如，下面把浮点数字符串转换为整型的代码是错误的：

```
a ='11.5'
a =int(a)
```

一个带有其他字符的字符串也不能转换为整型，否则会报错：ValueError：invalid literal for int() with base 10：'125qi'。例如，下面把带有其他字符的字符串换为整型的代码是错误的：

```
a ='125qi'
a =int(a)
```

（4）空值不能转换为整型，否则会报错：TypeError：int() argument must be a string, a bytes-like object or a number, not 'NoneType'。例如，下面把值为 None 的变量 b 转换为整型的代码是错误的：

```
b =None
b =int(b)
```

2. float()函数

float()函数和 int()函数的使用方式基本一致，不同的是它会将对象转换为浮点型数据，转换规则为

（1）布尔型转换为浮点型：如果被转换的值为 True，那么转换之后的值变为 1.0；如果被转换的值为 False，那么转换之后的值变为 0.0。代码示例如下：

```
a =False
```

```
a =float(a)
print('a 的值变为：', a)
```

程序运行结果如图 2.48 所示。

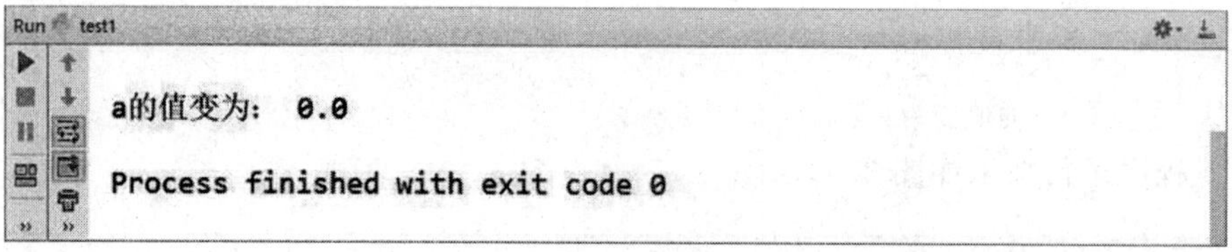

Run test1
a的值变为： 0.0
Process finished with exit code 0

图 2.48　布尔型转换为浮点型示例

(2) 整型转换为浮点型：转换的方式很简单，直接在整型数的末尾加“.0”。代码示例如下：

```
a =3
a =float(a)
print('a 的值变为：', a)
```

程序运行结果如图 2.49 所示。

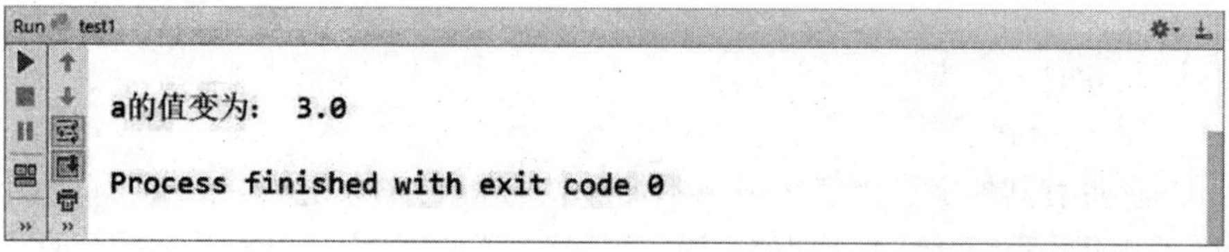

Run test1
a的值变为： 3.0
Process finished with exit code 0

图 2.49　整型转换为浮点型示例

(3) 字符串转换为浮点型：字符串的类型转换和整型的一致，只能转换合法的浮点数字符串，转换时会直接将浮点数字符串转换为对应的数字。代码示例如下所示：

```
a ='3.14'
a =float(a)
print('a 的值变为：', a)
```

程序运行结果如图 2.50 所示。

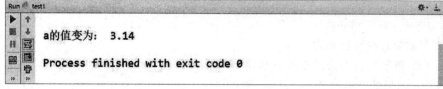

Run test1
a的值变为： 3.14
Process finished with exit code 0

图 2.50　字符串转换为浮点型示例

3. str()函数

str()函数可以将对象转换为字符串,转换规则为:

(1)布尔型转换为字符串:如果被转换的值为 True,那么转换之后的值变为"True";如果被转换的值为 False,那么转换之后的值变为"False"。代码示例如下:

```
a = False
a = str(a)
print('a 的值变为:', a)
```

程序运行结果如图 2.51 所示。

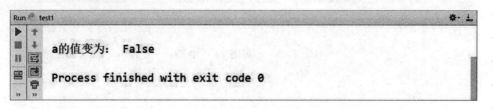

图 2.51 布尔型转换为字符串的示例

(2)整型转换为字符串:转换的方式很简单,直接将数字全部转换为字符类型。代码示例如下:

```
a = 314
a = str(a)
print('a 的值变为:', a)
```

程序运行结果如图 2.52 所示。

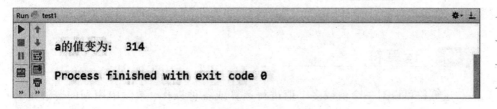

图 2.52 整型转换为字符串示例

4. bool()函数

bool()函数可以将对象转换为布尔型数据。任何对象都可以转换为布尔型数据。转换规则:对于所有表示空性的对象都会转换为 False,其余的转换为 True。

表示空性的值有 0、None 、'' 等。

扫码做练习

2.8.4 提升训练及作业

1. 提升训练

根据图 2.53 的运行结果，补充下列代码：

```
name='小信'
age=19
msg="名字为:"_____",年龄为:"_____
print(msg)
```

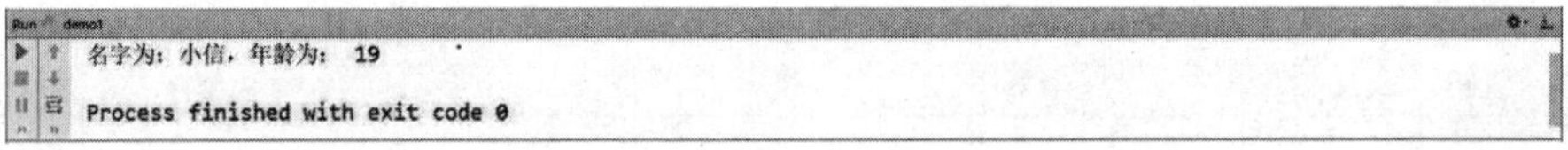

```
Run  demo1
   名字为：小信，年龄为： 19
   Process finished with exit code 0
```

图 2.53　输出名字年龄

参考代码：

```
name='小信'
age=19
msg="名字为:"+name+",年龄为:"+str(age)
print(msg)
```

2. 作业

补充代码，要求最后输出的 num3 为整数。

```
num1=30
num2=7
num3=_____num1/num2_____
print(type(num3))
```

2.9　运算符

　　运算符可以对一个值或多个值进行运算或各种操作。数学中用到的普通加减乘除等运算，在 Python 中都有对应的运算符，如"＋"、"－"、"＝"都属于运算符。

　　运算符可以分为以下几类：算术运算符、赋值运算符、比较运算符（关系运算符）、逻辑运算符和条件运算符（三元运算符）。

2.9.1　运算符案例

1. 案例代码

定义一个变量 num 并赋值为 10，让 num 先加 10 再乘以 5，然后输出 num

的值。代码如下：

```
num = 10
num = ( num + 10 ) * 5
print('num 的值变为：', num)
```

2. 案例运行结果

通过一系列运算，得到 num 的值如图 2.54 所示。

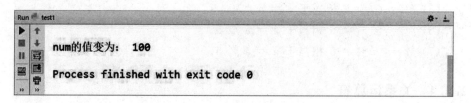

图 2.54　运算符案例运行结果

☆本节案例中涉及的知识点有：算术运算符、赋值运算符。

2.9.2　算术运算符

算术运算就是运用算术运算符号进行数的加、减、乘、除以及取模、幂等数学运算。区别于几何运算，它通常是对实数或复数进行的。属于某个数集的两个数，经过算术运算，可以确定出这个数集的第三个数。

（1）＋：加法运算符(如果是两个字符串之间进行加法运算，则会进行拼接操作)。

（2）－：减法运算符。

（3）＊：乘法运算符(如果将字符串和数字相乘，则会对字符串进行复制操作，将字符串重复指定次数)。

（4）/：除法运算符，运算时结果总会返回一个浮点类型。

（5）//：整除运算符，只会保留计算后的整数位，总会返回一个整型。

（6）＊＊：幂运算符，求一个值的几次幂。

（7）％：取模运算符，求两个数相除的余数。

2.9.3　赋值运算符

赋值运算符(＝)是最简单的、也是最常用的运算符。

一开始可能会以为它是"等于"，其实不是的。它的作用是将一个表达式的值赋给一个左值。一个表达式或者是一个左值，或者是一个右值。所谓左值，是指一个能用于赋值运算左边的表达式。左值必须能够被修改，不能是常量。我们通常用变量作左值，用值或者结果作右值。

在对浮点数做算术运算时，结果也会返回一个浮点数。以下是几种特殊的赋值运算符：

(1) ＋＝：a ＋＝ 5 相当于 a ＝ a ＋ 5。

(2) －＝：a －＝ 5 相当于 a ＝ a － 5。

(3) ＊＝：a ＊＝ 5 相当于 a ＝ a ＊ 5。

(4) ＊＊＝：a ＊＊＝ 5 相当于 a ＝ a ＊＊ 5。

(5) /＝：a /＝ 5 相当于 a ＝ a / 5。

(6) //＝：a //＝ 5 相当于 a ＝ a // 5。

(7) ％＝：a ％＝ 5 相当于 a ＝ a ％ 5。

2.9.4 关系运算符

关系运算是用关系运算符对两个对象进行比较，以表示两者之间的关系的一种运算。

关系运算符一般用来比较两个值之间的关系，总会返回一个布尔值。如果关系成立，返回 True，否则返回 False。表 2.2 所示是几种常见的关系运算符。

表 2.2　常见的关系运算符

运算符	说　明
＞	比较左侧值是否大于右侧值
＞＝	比较左侧值是否大于或等于右侧值
＜	比较左侧值是否小于右侧值
＜＝	比较左侧值是否小于或等于右侧值
＝＝	比较两个对象的值是否相等
！＝	比较两个对象的值是否不相等。相等和不等比较的是对象的值，而不是 id
is	比较两个对象是否是同一个对象，比较的是对象的 id
is not	比较两个对象是否不是同一个对象，比较的是对象的 id

关系运算符的使用中需要注意以下几点：

(1) 在 Python 中可以对两个字符串进行大于(等于)或小于(等于)的运算。当对字符串进行比较时，实际上比较的是字符串的 Unicode 编码。

(2) 比较两个字符串的 Unicode 编码时，是逐位比较的，利用该特性可以对字符串按照字母顺序进行排序，但是对于中文来说意义不是特别大。

(3) 如果不希望比较两个字符串的 Unicode 编码，则需要将其转换为数字然后再比较。

2.9.5 逻辑运算符

逻辑运算又称布尔运算。布尔用数学方法研究逻辑问题，成功地建立了逻辑演算。他用等式表示判断，把推理看做等式的变换。这种变换的有效性不依赖于人们对符号的解释，只依赖于符号的组合规律，这一逻辑理论人们常称为布尔代数。20世纪30年代，逻辑代数在电路系统上获得应用，随后，由于电子技术与计算机的发展，出现了各种复杂的大系统，它们的变换规律也遵守布尔所揭示的规律。逻辑运算(logical operators)通常用来测试真假值。最常见到的逻辑运算就是循环的处理，用来判断是否该离开循环或继续执行循环内的指令。

在Python中，逻辑运算符主要用来做一些逻辑判断，共有三个逻辑运算符：not(逻辑非)、and(逻辑与)、or(逻辑或)。

1. not(逻辑非)

not运算符可以对符号右侧的值进行非运算。对于布尔值，非运算会对其进行取反操作，即True变False，False变True；对于非布尔值，非运算会先将其转换为布尔值，然后再取反。

2. and(逻辑与)

and运算符可以对符号两侧的值进行与运算，只有在符号两侧的值都为True时，才会返回True，只要有一个为False，就返回False。

3. or(逻辑或)

or运算符可以对符号两侧的值进行或运算，只有在符号两侧的值都为False时，才会返回False，只要有一个为True，就返回True。

三种逻辑运算符的代码示例如下：

```
result1 = True and True
result2 = True and False
result3 = False or True
result4 = False or False
result5 = not False
result6 = not True
print('result1 =', result1)
print('result2 =', result2)
print('result3 =', result3)
print('result4 =', result4)
```

程序运行结果如图2.55所示。

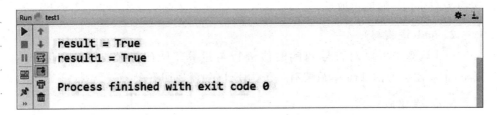

```
Run    test1                                                    ☆ ↓
 ▶  ↑
 ■  ↓   result1 = True
 ॥ 🖫   result2 = False
 🖵 🖸   result3 = False
 ⚡ 🖶   result4 = False
 × 🗑
 ?      Process finished with exit code 0
```

图 2.55　逻辑运算符示例结果

逻辑运算符可以连着使用，代码示例如下：

result ＝1＜2＜ 3

print('result ＝' , result)

result1＝　 1 ＜ 2 and 2 ＜ 3

print('result1 ＝' , result1)

程序运行结果如图 2.56 所示。

```
Run    test1                                                    ☆ ↓
 ▶  ↑
 ■  ↓   result = True
 ॥ 🖫   result1 = True
 🖵 🖸
 ⚡ 🖶   Process finished with exit code 0
 »  🗑
```

图 2.56　逻辑运算符连着使用示例结果

2.9.6　条件运算符

条件运算符也称为三元运算符。三元运算符是软件编程中的一个固定格式，语法是"表达式 1 if 条件表达式 else 表达式 2"。使用这个算法可以在调用数据时逐级筛选。

先举一个例子。定义两个变量 a 和 b，然后比较 a 和 b 的大小，如果 a 大于 b，则输出"a 的值比较大！"；如果 a 小于 b，则输出"b 的值比较大！"。代码示例如下：

a ＝10

b ＝12

print('a 的值比较大！') if a ＞ b else print('b 的值比较大！')

程序运行结果如图 2.57 所示。

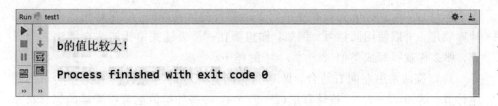

图2.57　条件运算符示例

执行流程：条件运算符在执行时，会先对条件表达式进行求值判断。如果判断结果为 True，则执行语句1，并返回执行结果；如果判断结果为 False，则执行语句2，并返回执行结果。

下面再举一个例子，以加深印象。获取 a 和 b 之间的较大值。代码示例如下：

```
a = 10
b = 12
max = a if a>b else b
print('max =', max)
```

程序运行结果如图2.58所示。

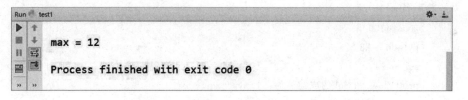

图2.58　用条件运算符获取较大值示例

2.9.7　运算符的优先级

和数学中一样，Python 中的运算符也有优先级，比如先乘除后加减。

Python 中，运算符的优先级越高，越优先计算；如果优先级一样，则自左向右计算。

在开发中如果遇到优先级不清楚的，可以通过小括号来改变运算顺序。

Python 中运算符的优先级由高到低依次为：

（1）幂运算：**。

（2）正负号：+、-。

（3）算术操作符：*、/、//、+、-。

（4）比较操作符：<、<=、>、>=、==、!=。

（5）逻辑运算符：not、and、or。

默认地，运算符优先级顺序决定了运算符的计算顺序。如果你想改变它们的计算顺序，可以使用圆括号。例如，你想要在一个表达式中让加法在乘法之前计算，那么你就得写成类似（2＋3）＊4 的样子。

运算符通常由左向右结合，即具有相同优先级的运算符按照从左向右的顺序计算。例如，2＋3＋4 被计算成（2＋3）＋4。一些如赋值运算符那样的运算符是由右向左结合的，即 a＝b＝c 被处理为 a＝（b＝c）。

合理使用括号可以增强代码的可读性。有时没用括号会使程序得到错误结果，或使代码可读性降低，给阅读者带来困惑。括号在 Python 语言中不是必须存在的，不过为了可读性，使用括号总是更好的。

2.9.8 提升训练及作业

1. 提升训练

定义 3 个变量代表王浩 3 门课程成绩，编写程序实现：

① Java 课和 SQL 课的分数之差。

② 3 门课的平均分。

参考代码：

```
java ＝100
python ＝88
sql ＝ 99
print('Java 和 Sql 的成绩差为：', java－sql)
print('三门课程的平均分为：', (java＋python＋sql)/3)
```

2. 作业

实现一个数字加密器，加密规则是：加密结果＝（整数 ＊ 10＋5）/2＋3.14159，加密结果仍为一整数。要求：定义两个变量，分别保存"整数"和"加密结果"。

扫码做练习

第 3 章

Python 的流程控制
及流程控制语句

3.1　流程控制简介

计算机程序在解决某个具体问题时，一般来说包括三种执行情形，即顺序执行所有的语句、选择执行部分的语句和循环执行部分语句，对应着程序设计中的三种执行结构流程：顺序结构、选择结构和循环结构。Python 语言当然也具有这三种基本结构。我们将利用这些不同的结构编写出各种有趣的程序，让程序的编写变得更灵活，操控更方便。

通过流程控制语句，可以改变程序的执行顺序，也可以让指定的程序反复执行多次，因此除了一般的顺序语句之外，流程控制语句还具有选择语句和循环语句。

1. 顺序结构

前面所举的例子采用的都是顺序结构。一般来讲，顺序结构的程序自上而下逐行执行，一条语句执行完之后继续执行下一条语句，一直到程序的末尾。这种结构如图 3.1 所示。

顺序结构是在程序设计中最常使用到的结构，在程序中扮演了非常重要的角色，因为大部分的程序都是依照由上而下的流程来设计的。

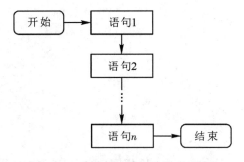

图 3.1　程序的顺序结构流程图

2. 选择结构

选择结构又称为条件判断结构，是根据条件的成立与否来决定要执行哪些语句的一种结构，其流程图如图 3.2 所示。

选择结构

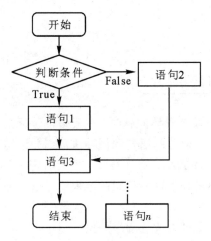

图 3.2　程序的选择结构流程图

图 3.2 所示的选择结构根据判断条件的结果来决定要执行的语句，当判断条件的结果为真(True)时，执行"语句 1"；当判断条件的结果为假(False)时，执行"语句 2"。不论执行哪种情况，最后都会再回到"语句 3"，并继续向下执行。

本书中涉及的选择结构语句包括 if 语句、if-else 语句、多重 if 语句、嵌套 if 语句等。在程序中加上选择结构语句，就像是原有的路增加了岔路口一样，根据不同的选择，程序会有不同的执行结果。

3. 循环结构

循环结构根据判断条件的成立与否决定程序段落的执行次数，而这个程序

循环结构

段落就称为循环体语句。

本书中谈到的循环体语句包括 for 循环语句、while 循环语句等。之后我们会在基本循环结构的基础上引入双重循环结构，即各类循环结构的嵌套使用。

在循环结构中设置循环变量初值之后，可以根据判断条件的结果来决定是否要执行循环体语句。当判断条件结果为真（True）时，执行"循环体语句"，之后通过改变循环变量的值，继续回到条件判断处进行判断，如果判断结果仍为真（True），则继续执行循环体语句；以此类推，直到判断结果为假（False）时，退出循环并执行循环体之后的"其他语句"。循环结构流程如图3.3 所示。

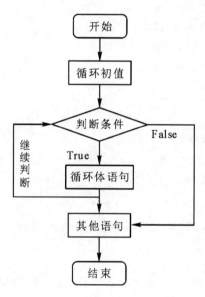

图3.3 程序的循环结构流程图

以上我们以流程图的方式介绍了这三种结构的不同，具体的知识我们将在后续章节中详细介绍。

3.2 if 语句

if 语句是流程控制语句中选择结构语句的一种，其语法结构比较简单。如果要根据判断条件的结果来执行不同的语句，使用 if 语句将是一个不错的选择，它会准确地检测判断条件成立与否，再决定是否要执行后面的语句内容。

3.2.1 if 语句案例

1. 案例代码

通过从控制台录入用户想要的信息，使用 if 语句判断是星期几，再据此输出对应的学习内容。在项目下新建一个 Python 文件，文件中录入如下代码：

```
week ＝input("请输入您想要的星期:")
if week ＝＝ "星期一":
    print("学习 Python 语法")
if week ＝＝ "星期二":
    print("学习 Python 流程控制")
if week ＝＝ "星期三":
    print("学习 Python 函数")
if week ＝＝ "星期四":
    print("学习 Python 序列")
if week ＝＝ "星期五":
    print("学习 Python 文件")
if week ＝＝ "星期六":
    print("复习回顾")
if week ＝＝ "星期日":
    print("休息")
```

2. 案例运行结果

如果在控制台输入"星期二"，将会输出星期二对应的学习内容，如图 3.4 所示。

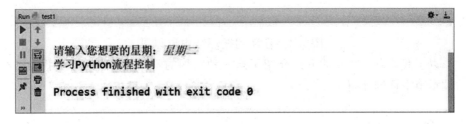

图 3.4　if 语句案例运行结果

☆本节案例中涉及的知识点有：input()函数、if 语句结构。

3.2.2 input()函数

之所以要单独学习 input()函数，是由于在之后知识点的学习过程中，我们会频繁使用该函数来完成用户数据的输入，所以把此内容放在这节进行详细讲解。

Python语言提供了很多内置函数，而在众多的函数中，input()函数是其中很重要的一个。它可以接收一个标准输入数据，默认接收到的是字符串类型。用户可以使用此函数来完成用户数据的录入。

input()函数的语法结构如下：

input([prompt])

其中，prompt表示提示信息。

如果[prompt]是存在的，则它被写入标准输出中，没有换行。input函数可以接收任意输入，且将所有输入默认为字符串处理，并返回字符串类型。该函数对于用户输入的换行是不会读入的，因为我们都知道，input是以换行作为输入结束的标志的。

input()函数的功能：获取用户的输入。

调用input()函数后，程序会立即暂停，等待用户输入，用户输入内容，并点击回车之后，程序才会继续向下执行。用户输入完成以后，其所输入的内容会以字符串的形式作为返回值返回。input()也可以用于暂时阻止程序结束。接下来我们可以通过一个案例来学习如何使用input()函数，代码示例如下：

```
# 完成选择输入
choice = input('请输入您的选择(Y/N?)>>：')    # 通过 input 函数完成数据输入
print(choice)                              # 输出用户输入内容
```

程序运行结果如图3.5所示。

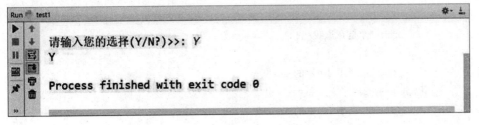

图3.5 利用input函数输入运行结果

3.2.3 if语句结构

使用if语句的选择结构执行的流程如下：

(1) if语句在执行时，会先对条件表达式进行求值判断，如果为True，则执行if后的语句；如果为False，则不执行。

扫码做练习

（2）默认情况下，if 语句只会控制紧随其后的那条语句，如果希望 if 可以控制多条语句，则可以在 if 后跟一个代码块。

if 语句的具体语法格式如下：

if 条件表达式：

代码块

代码块作用：代码块中保存着一组代码，同一个代码块中的代码，要么都执行，要么都不执行。代码块就是一种为代码分组的机制。

如果要编写代码块，语句就不能紧随"："在后边，而是要写在下一行，代码块以缩进开始，直到代码恢复到之前的缩进级别时结束。缩进有两种方式，一种是使用 tab 键，一种是使用空格（四个）。官方文档中推荐我们使用空格来缩进。

注意：一个 Python 程序中使用的缩进方式必须要统一。

3.2.4 提升训练及作业

1. 提升训练

请对狗狗的年龄进行判断，如果输入年龄为负数或 0，则给出提示"你是在逗我吧！"如果输入年龄为 1，则给出提示"相当于 10 岁的人。"；如果输入年龄为 2，则给出提示"相当于 20 岁的人。"；如果输入年龄大于 2，则输出对应人类的年龄（计算方法：20＋（年龄－2）＊5）。

参考代码：

```
age = int(input("请输入你家狗狗的年龄："))
print("")
if age <= 0：
    print("你是在逗我吧！")
if age == 1：
    print("相当于 10 岁的人。")
if age == 2：
    print("相当于 20 岁的人。")
if age > 2：
    human= 20 + (age - 2) * 5
    print("对应人类年龄：", human)
###退出提示
input("点击 enter 键退出")
```

2. 作业

从控制台输入今天的天气：

① 如果是"晴天"，则输出"吃烧烤、喝啤酒、找好朋友聊聊天"；
② 如果是"阴天"，则输出"吃泡面、盖浇饭、老干妈＋馒头"；
③ 如果是"霾天"，则输出"叫外卖、喝饮料、追个好剧"。

3.3　if-else 语句

选择结构中除了简单的 if 语句之外，还有 if-else 语句。if 语句中如果判断条件成立，即可执行语句体内的语句，但若要在判断条件不成立时执行其他的语句内容，那么 if 语句就不是很适合了。此时我们可以使用 if-else 语句。

3.3.1　if-else 语句案例

1. 案例代码

在项目中新建文件，定义一个基本变量，使用 if-else 结构来判断是否与给定的具体内容相等，如果相等则执行其中一条语句，如果不相等，则执行另外一条语句。在 Python 文件中录入如下代码：

```
♯ 例：if 基本用法
flag ＝False
name ＝'wxkj'
if name ＝＝ 'python'：    ♯ 判断变量否为'python'
    flag ＝ True          ♯ 条件成立时设置标志为真
    print('welcome boss')  ♯ 并输出欢迎信息
else：
    print(name)          ♯ 条件不成立时输出变量名称
```

2. 案例运行结果

如果 name 的值不等于"python"，则会原样输出 name 的值"wxkj"，运行结果如图 3.6 所示。

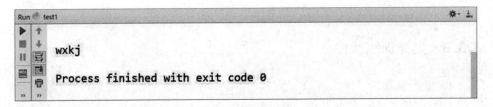

图 3.6　if-else 语句案例运行结果 1

如果 name 的值等于"python"，则输出欢迎信息，运行结果如图 3.7 所示。

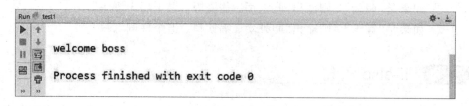

图 3.7　if-else 语句案例运行结果 2

☆本节案例中涉及的知识点有：if-else 语句。

3.3.2　if-else 语句结构

if-else 语句的具体语法格式如下：

　　if 条件表达式：
　　代码块
　　else：
　　代码块

说明：

（1）if-else 语句中的判断条件一般为关系表达式或 bool 类型的值。

（2）使用 if-else 语句的选择结构的执行流程如下：当程序运行到 if 处时，先对 if 后的条件表达式进行求值判断，如果条件成立，则返回值为 True，并执行 if 后的代码块；如果条件不成立，则返回值为 False，并执行 else 后的代码块。其中的代码块可以是一条语句，也可以是多条语句的组合。

（3）在之前运算符的学习过程中，我们了解了其实有一种运算符可以替换 if-else 条件判断语句，那就是条件运算符。条件运算符又称为三目运算符，我们也可以使用它来进行变量的赋值或是语句的结果判断，从而执行不同的逻辑过程。在编写程序时，对于初次使用条件运算符的读者来说，不太容易接受，但是一定条件下使用它时，会使程序变得较为简洁。因为只要用一个语句就可以替代一长串的 if-else 语句块，所以执行速度也相对比较快一些。

3.3.3　提升训练及作业

1. 提升训练

模拟实现用户登录的功能，通过从控制台录入用户名和密码，根据条件判断用户名和密码是否与已给指定值匹配，如果匹配成功，则提示登录成功；否则提示用户名或者密码错误。

扫码做练习

参考代码：

```
#模拟用户登录
#提示输入用户名和密码
username＝input("请输入用户名：")
password ＝input("请输入密码：")
#如果用户名是Admin，密码等于123，则提示用户登录成功
if username.lower().strip()＝＝ "admin" and password ＝＝ "123":
    print("登录成功！")
#如果用户名不是Admin，则提示用户不存在
#如果密码不等于123，则提示密码错误
else：
    print("用户名或者密码错误！")
# lower()- 把字符串转为小写；upper()- 把字符串转为大写
# strip()- 去除字符串前后的空格
```

2. 作业

编写一个程序，检查任意一个年份（用户输入）是否是闰年（一个年份可以被 4 整除而不能被 100 整除，或者可以被 400 整除，则这个年份是闰年）。

3.4　多重 if 语句

多重 if 语句也是流程控制语句中选择结构语句的一种，其语法结构比较清晰。如果要判断的条件分为多个不同的范围，范围的不同则判断的条件也不同，之后又根据不同范围的判断条件成立与否，来决定是否要执行该条件后面的语句，则用多重 if 语句比较合适。

3.4.1　多重 if 语句案例

1. 案例代码

通过从控制台录入某学生的成绩，判断该学生成绩属于哪个等级。如果成绩大于等于 90 分，则成绩等级为 A 级；如果成绩小于 90 并且大于等于 60 分，则成绩等级为 B 级；其余均为 C 级。在当前项目下新建 Python 文件，在文件中录入如下代码：

```
score ＝int(input('请输入您的成绩:\n'))
if score ＞＝ 90：
```

```
            grade ='A 级'
    elif score >= 60：
            grade ='B 级'
    else：
            grade ='C 级'
    print('%d 属于 %s' % (score, grade))
```

2. 案例运行结果

本节案例程序运行结果如图 3.8 所示。

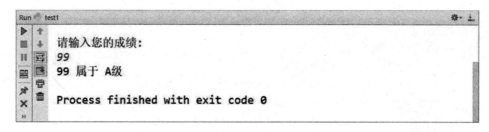

图 3.8　多重 if 语句案例运行结果

☆本节案例中涉及的知识点有：多重 if 语句。

3.4.2　多重 if 语句结构

使用多重 if 语句可以使复杂的程序变得简洁。多重 if 语句的具体语法格式如下：

```
    if 条件表达式：
            代码块
    elif 条件表达式：
            代码块
    elif 条件表达式：
            代码块
    elif 条件表达式：
            代码块
    else：
            代码块
```

使用多重 if 语句的选择结构程序的执行流程如下：自上向下依次对条件表达式进行求值判断，如果表达式的结果为 True，则执行当前代码块，然后语句结束；如果表达式的结果为 False，则继续向下判断，直到某一条件表达式的值为 True 为止；如果所有的条件表达式的值都是 False，则执行 else 后的代码块。if-elif-else 中最终只会有一个代码块被执行。

由于 Python 并不支持 switch 语句，所以多个条件判断只能用多重 if 语句来实现。如果需要同时判断多个条件，则可以使用 or（或）运算符表示两个条件中有一个成立时判断条件为 True；使用 and（与）运算符，表示两个条件同时成立的情况下，判断条件为 True。

3.4.3　提升训练及作业

1. 提升训练

给出一个不多于 5 位的正整数，要求：

① 求它是几位数；

② 逆序输出各位数字。

参考代码：

```
x = int(input("请输入一个数:\n"))
a = x //10000
b = x % 10000 // 1000
c = x % 1000 // 100
d = x % 100 // 10
e = x % 10
if a ! = 0：
    print("5 位：", e, d, c, b, a)
elif b ! = 0：
    print("4 位：", e, d, c, b,)
elif c ! = 0：
    print("3 位：", e, d, c)
elif d ! = 0：
    print("2 位：", e, d)
else：
    print("1 位：", e)
```

2. 作业

用条件判断语句实现如下条件输出：假如你有 500 万以上，可以买一辆法拉利；假如你有 50 万以上，可以买一辆奥迪；假如你有 5 万以上，可以买一辆奇瑞 QQ；假如你连 5 万都没有，就骑共享单车吧！

扫码做练习

3.5 嵌套 if 语句

嵌套 if 语句也是流程控制语句中选择结构的一种。如果要判断的条件分为多个不同的范围，根据范围的不同决定执行不同的代码块，然后根据正在执行的代码块内的判断条件成立与否，执行内部 if 语句中的相应代码。

3.5.1 嵌套 if 语句案例

1. 案例代码

用 input()函数分别接收"小王"的语文、英语、数学的成绩，然后进行判断。如果每一门成绩都高于 60 分，那么输出"恭喜你，你所有科目都通过考试了！"。如果有低于 60 分的科目，输出"很遗憾，你没有通过考试，补考科目为：*低于 60 分的科目*"。在项目下新建 Python 文件，文件中录入如下代码：

```
＃在控制台应用程序中输入小王(语文，英语，数学)成绩(单科满分100分)
＃判断：
＃1)如果所有科目都及格了，提示：恭喜你，你所有科目都通过考试了
＃2)否则提醒：很遗憾，你没有通过考试，需要补考(没有及格的科目名称)
print("小王的各项成绩如下")
chinese ＝int(input("请输入语文成绩："))
maths ＝int(input("请输入数学成绩："))
english ＝int(input("请输入英语成绩："))
get_course ＝""
if chinese ＞＝ 60 and maths ＞＝ 60 and english ＞＝ 60：
    print("恭喜你，所有科目都通过考试了！")
else：
    if chinese ＜＝ 60：
        get_course ＋＝ "语文、"
    if maths ＜＝ 60：
        get_course ＋＝"数学、"
    if english ＜＝ 60：
        get_course ＋＝"英语、"
    print("很遗憾，你没有通过考试，补考科目为：" ＋ get_course)
```

2. 案例运行结果

案例程序的运行结果分为多种情况。

如果三门课的成绩全部大于 60 分，那么小王将会通过考试，运行结果如图 3.9 所示。

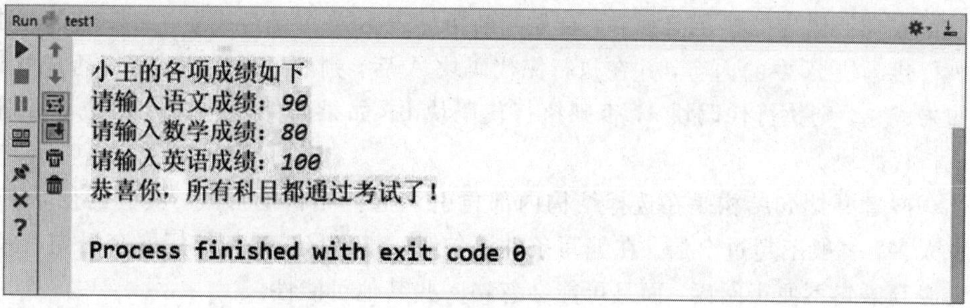

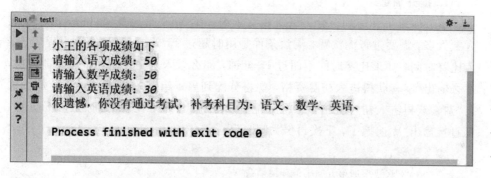

图 3.9　嵌套 if 语句案例运行结果 1

如果三门课的成绩全部小于 60，那么需要全部列入补考科目中，运行结果如图 3.10 所示。

图 3.10　嵌套 if 语句案例运行结果 2

除此以外，如果三门课中有一门没有达到 60 分，那么这一门将会列入补考科目中。

☆本节案例中涉及的知识点有：嵌套 if 语句。

3.5.2　嵌套 if 语句结构

嵌套 if 语句的具体语法格式如下：

```
if 条件表达式 A：
    代码块 A
if 条件表达式 a：
    代码块 a
else：
    代码块 b
else：
    代码块 B
```

嵌套 if 语句的执行流程为：首先判断条件表达式 A 是否成立，如果成立，则执行代码块 A 中的内容，并在执行完代码块 A 后，判断条件表达式 a 是否成立，如果成立，则执行代码块 a，否则执行代码块 b；如果条件表达式 A 不成立，则执行代码块 B。

嵌套 if 语句结构是在选择结构内部再引入选择结构的形式，嵌套的层数不宜太多，一般不超过 5 层。在编写条件语句时，建议尽量避免使用嵌套语句，因为嵌套语句不便于阅读，而且可能会忽略一些其他可能性。

3.5.3 提升训练及作业

1. 提升训练

第五届维信杯运动会分男子组和女子组，在 3000 米比赛项目中，由于报名人数太多，需要进行淘汰赛，淘汰条件是用时超过 15 分钟。要求写一个程序，录入比赛时间，如果比赛时间不超过 15 分钟，那么录入选手性别，如果性别为男，那么输出"恭喜获得进入初赛资格，您将分配到男子组"；如果性别为女，那么输出"恭喜获得进入初赛资格，您将分配到女子组"。如果比赛时间超过 15 分钟，则直接输出"太遗憾了，下次再努力吧！"。

参考代码：

```python
print("欢迎参加第五届维信杯运动会")
time = int(input("请输入 3000 米淘汰海选赛用时(分钟):"))
if time <= 15:
    sex = input("请输入性别:")
    if sex == "男":
        print("恭喜获得进入初赛资格,您将分配到男子组")
    elif sex == "女":
        print("恭喜获得进入初赛资格,您将分配到女子组")
    else:
        print("输入有误,请重新输入")
else:
    print("太遗憾了,下次再努力吧!")
```

2. 作业

购买地铁车票的规定如下：乘 1～4 站，3 元/位；乘 5～9 站，4 元/位；乘 9 站以上，5 元/位。输入人数、站数，输出对应的车票金额。

扫码做练习

3.6　for 循环语句

在实际生活中，除了有很多案例需要以条件判断的方式来处理外，还有很多重复的事情需要解决，比如女朋友生气了，要手写九百九十九次"我错了"以表诚意。

在程序中，被重复执行的语句称为循环体语句。循环体语句能否继续执行，取决于循环的判断条件。其实，循环结构就是在一定条件下反复执行某段程序的流程结构，其中被反复执行的程序称为该循环结构的循环体。循环语句是由循环体及循环的终止条件两部分组成的。

for 循环语句是编程语言中一种常用的循环语句。for 循环语句在各种编程语言中的实现与表达有所出入。

3.6.1　for 循环语句案例

1. 案例代码

下面我们举一个较为经典的案例，即斐波那契数列。想要用循环语句，首先要找到规律性。斐波那契数列又称黄金分割数列，由数学家列昂纳多·斐波那契(Leonardoda Fibonacci)以兔子繁殖为例子引出，故又称为"兔子数列"。斐波那契数列指的是这样一个数列：1、1、2、3、5、8、13、21、34……在数学上，斐波纳契数列以如下递推的方法定义：

$$F(1)=1,\ F(2)=1,\ F(n)=F(n-1)+F(n-2)(n\geqslant 3,\ n\in \mathbf{N}*)$$

由公式可以得出规律，前两个数是 1，从第三个数开始，它的值都是前两个数的和。

我们定义 f1 和 f2 充当第一和第二个数，先输出这两个数，然后将 f1 充当第三个数，f2 充当第四个数。依次类推，输出 21 次。

在项目下新建 Python 文件，在文件中录入如下代码：

```
f1 = 1
f2 = 1
for i in range(1,22):
    print('%12ld %12ld' % (f1,f2), end=" ")
    if (i % 3) == 0:
        print("")
    f1 = f1 + f2
    f2 = f1 + f2
```

2. 案例运行结果

案例程序中，range(1,22)表示从 1 开始遍历，到 21 结束，通俗的说就是含头不含尾。运行结果如图 3.11 所示。

```
Run  tuzi                                                              ⚙ ⊥
▶         1           1           2           3           5           8
■        13          21          34          55          89         144
‖       233         377         610         987        1597        2584
■      4181        6765       10946       17711       28657       46368
⚔     75025      121393      196418      317811      514229      832040
✕   1346269     2178309     3524578     5702887     9227465    14930352
？  24157817    39088169    63245986   102334155   165580141   267914296

    Process finished with exit code 0
```

图 3.11   for 循环语句案例运行结果

此案例程序中所涉及的用法，其实还有很多场景，如杨辉三角、蜂巢、蜻蜓翅膀、黄金矩形、黄金分割、等角螺线、十二平均律等。

☆本节案例中涉及的知识点有：for 循环语句、range()函数。

3.6.2　for 循环语句结构

在 Python 中，for 循环语句的语法格式如下：

```
for 变量 in 序列:
    代码块
```

for 循环的代码块会执行多次，序列中有几个元素就会执行几次，每执行一次就会将序列中的一个元素赋值给变量，所以我们可以通过变量来获取列表中的元素。

Python 提供的 for 循环语句和 Java、C++等编程语言提供的 for 循环语句不同，Python 中的 for 循环语句更像是 shell 或是脚本语言中的 foreach 循环，它可以遍历如列表、元组、字符串等序列成员（列表、元组、字符串也称为序列），也可以用在列表解析和生成器表达式中。

3.6.3　range()函数

range()函数用于生成一个自然数的序列。该函数需要三个参数：起始位置（可以省略，默认是 0）、结束位置和步长（可以省略，默认是 1）。

通过 range()函数可以创建一个执行指定次数的 for 循环。代码示例如下：

```
for i in range(3):
    print('输出：',i)
```

程序运行结果如图 3.12 所示。

图 3.12　range()函数示例

3.6.4　提升训练及作业

1. 提升训练

打印出所有的"水仙花数"。所谓"水仙花数"，是指一个三位数，其各位数字立方和等于该数本身。例如，153 是一个"水仙花数"，因为 $153 = 1^3 + 5^3 + 3^3$。

参考代码：

```
print('1000 以内的水仙花数是：')
for n in range(100,1000):
    i = n // 100
    j = n // 10 % 10
    k = n % 10
    if (i ** 3 + j ** 3 + k ** 3) == n:
        print(n,end='')
```

2. 作业

求 $1+2! +3! +\cdots+20!$ 的和。

3.7　while 循环语句

while 循环语句是流程控制语句中循环结构的一种，其语法结构比较灵活。

3.7.1　while 循环语句案例

1. 案例代码

下面先给出一个较为简单的 while 循环案例，即使用 while 循环语句输出"1 4 7 10 13 16 19 22 25 28…"的等差数列，要求输出数小于 50。

不难发现，循环输出的是一个等差数列。等差数列是指从第二项起，每一项与它的前一项的差等于同一个常数的一种数列，这个常数叫做等差数列的公差，公差常用字母 d 表示。例如：1，3，5，7，9，…，2n−1。等差数列的通项公式为：

an＝a1＋(n−1)＊d。首项 a1＝1，公差 d＝2。按照等差数列与题目要求作对比，我们可以设变量 a1 为第一个数 1，公差 d 为 3，循环的终止条件为 an＜50。代码如下：

```
# 打印等差数列
# an＝a1＋(n-1)＊d
n =2 # 定义循环变量
a1 =1   # 首项
while True：
    print(a1 ," ",end="")
    a1 =1 +(n - 1)＊3 # 计算 an 项
    n = n + 1   # 更改循环变量，避免死循环
    if(a1 > 50)： # 循环的终止条件
        break
```

2. 案例运行结果

案例程序运行结果如图 3.13 所示。

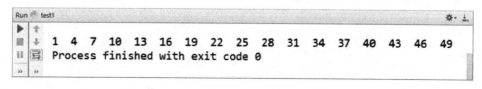

图 3.13　while 循环语句案例运行结果

☆本节案例中涉及的知识点有：while 循环语句。

3.7.2　while 循环语句结构

while 循环语句的语法格式如下：

while 条件表达式：
　　代码块 A
else：
　　代码块 B

当条件表达式成立时，执行代码块 A。当条件表达式不成立时，执行代码块 B。else 和代码块 B 的部分可以按照实际情况斟酌使用，一般不建议使用。

while 循环语句的执行流程如下：先对 while 后的条件表达式进行求值判断，如果判断结果为 True，则执行循环体（代码块 A），循环体执行完毕，继续对条件表达式进行求值判断，以此类推，直到判断结果为 False 时，循环终止。如果循环有对应的 else，则执行 else 后的语句（代码块 B）。

循环的三个要件（表达式）：

（1）初始化表达式。通过初始化表达式初始化一个变量。

（2）条件表达式。条件表达式用来设置循环执行的条件。

（3）更新表达式。更新表达式用于修改初始化变量的值。

条件表达式恒为 True 的循环语句，称为死循环，该语句将会一直运行下去，请谨慎使用！代码示例如下：

```
while True：
    print('hello')
```

关键字 break 可以用来立即退出循环语句（包括 else）。例如，要创建一个 5 次循环的代码如下：

```
i = 0
while i < 5：
    if i == 3：
        break
    print(i)
    i += 1
else：
    print('循环结束')
```

程序运行结果如图 3.14 所示。

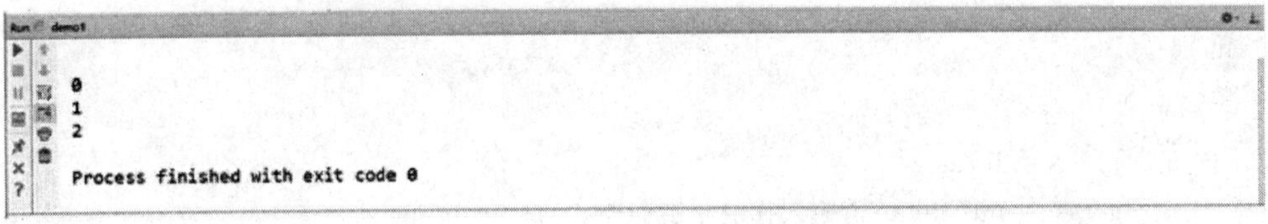

图 3.14　用 break 跳出循环

假如以上代码中，i 变量的初始值为大于等于 5 的数，那么程序运行结果如下：

```
循环结束
```

continue 也可以用来跳过本次循环，代码示例如下：

```
i = 0
while i < 5：
    i += 1
    if i == 2：
        continue
    print(i)
else：
    print('循环结束')
```

程序运行结果如图 3.15 所示。

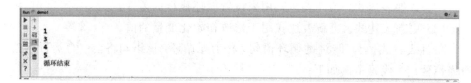

图 3.15　continue 的用法

注意：break 和 continue 都只对离它最近的循环起作用。

3.7.3　提升训练及作业

1. 提升训练

编写一组代码，实现猜年龄游戏。

参考代码：

```
age = 18
count = 0
while True：
    if count == 3：
        choice = input('继续(Y/N?)>>：')
        if choice == 'Y' or choice == 'y'：
            count = 0
        else：
            break
    guess = int(input('请输入你的年龄>>：'))
    if guess == age：
        print('you got it')
        break
    count += 1
```

2. 作业

输出 1~100 内的所有是 3 或 5 的倍数的数字。

3.8　双重循环语句

双重循环语句指可以在循环体内嵌入其他的循环体，如在 while 循环中可以嵌入 for 循环，在 for 循环中也可以嵌入 while 循环，或者 for 循环嵌套 for 循环，while 循环嵌套 while 循环。循环之间不仅可以相互嵌套，而且还可以在 while 循

扫码做练习

环中嵌入条件判断语句，从而解决相对复杂的实际问题。

3.8.1　双重循环语句案例

1. 案例代码

我们通过双层循环语句来实现输出如下所示的九九乘法表：

```
1*1= 1
2*1= 2  2*2= 4
3*1= 3  3*2= 6  3*3= 9
4*1= 4  4*2= 8  4*3=12  4*4=16
5*1= 5  5*2=10  5*3=15  5*4=20  5*5=25
6*1= 6  6*2=12  6*3=18  6*4=24  6*5=30  6*6=36
7*1= 7  7*2=14  7*3=21  7*4=28  7*5=35  7*6=42  7*7=49
8*1= 8  8*2=16  8*3=24  8*4=32  8*5=40  8*6=48  8*7=56  8*8=64
9*1= 9  9*2=18  9*3=27  9*4=36  9*5=45  9*6=54  9*7=63  9*8=72  9*9=81
```

我们需要两个循环语句来实现此功能。外层循环控制输出的行数，内层循环控制输出结果。在内层循环执行结束后控制换行。代码如下：

```python
for i in range(1, 10):
    for j in range(1, i+1):
        print("%d * %d= %2d" % (i, j, i * j), end=" ")
    print(" ")
```

2. 案例运行结果

案例程序执行结果如图 3.16 所示。

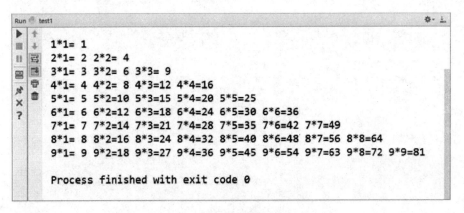

图 3.16　双重循环语句案例运行结果

☆本节案例中涉及的知识点有：双重循环语句。

3.8.2 双重循环语句结构

双重循环语句执行时，外层循环执行一次，内层循环执行全部。

在相互嵌套时，单个语句必须严格遵循各自的语法规范。建议嵌套层数不超过 3 层，在实际的开发中，嵌套一般使用两层即可。嵌套的循环层数太多会影响系统运行速度。

3.8.3 提升训练及作业

1. 提升训练

请用 Python 语言写出冒泡排序算法。

参考代码：

```python
a = [10, 2, 9, 5, 4]
times = len(a) - 1
while times > 0:
    for i in range(times):
        if a[i] > a[i+1]:
            a[i], a[i+1] = a[i+1], a[i]
    times = times - 1
print(a)
```

2. 作业

输出如下图案（菱形）：

```
   *
  * * *
 * * * * *
* * * * * * *
 * * * * *
  * * *
   *
```

第 4 章

序列与字典

4.1 序列

4.1.1 序列简介

序列(sequence)是 Python 中最基本的一种数据结构。

数据结构指计算机中数据存储的方式。序列用于保存一组有序的数据,所有的数据在序列当中都有一个唯一的位置(索引),并且序列中的数据会按照添加的顺序来分配索引。这种数据结构可以通过下标偏移量来访问序列的一个或者几个成员,这类 Python 类型统称为序列。

4.1.2 序列分类

在 Python 中,序列分为可变序列和不可变序列。其中,可变序列指的是列表(list),其元素都是可以改变的。不可变序列有字符串(str)与元组(tuple)。

4.2 列表

列表

列表是 Python 中的一个对象。对象(object)就是内存中专门用来存储数据的一块区域。之前我们学习的对象,像数值,它只能保存一个单一的数据,而列表可以保存多个有序的数据。

列表是用来存储对象的对象，列表中存储的数据，称之为元素。

4.2.1 列表案例

1. 案例代码

本案例实现的功能为：使用列表实现对学生信息进行查询、添加、删除等管理功能。代码如下：

```python
# 显示系统的欢迎信息
print('-' * 20, '欢迎使用学生管理系统', '-' * 20)
# 创建一个列表，用来保存学生的信息，学生的信息以字符串的形式统一保存到列表
stus = ['tom\t18\t 男\t 北大街', 'lucy\t20\t 女\t 胜利桥']
# 创建一个死循环
while True：
    # 显示用户的选项
    print('请选择要做的操作：')
    print('\t1. 查询学生')
    print('\t2. 添加学生')
    print('\t3. 删除学生')
    print('\t4. 退出系统')
    user_choose = input('请选择[1-4]：')
    print('-' * 62)
    # 根据用户的选择做相关的操作
    if user_choose == '1'：
        # 查询学生
        # 打印表头
        print('\t 序号\t 姓名\t 年龄\t 性别\t 住址')
        # 创建一个变量，来表示学生的序号
        n = 1
        # 显示学生信息
        for stu in stus：
            print(f'\t{n}\t{stu}')
            n += 1
    elif user_choose == '2'：
        # 添加学生
        # 获取要添加学生的信息，姓名、年龄、性别、住址
        stu_name = input('请输入学生的姓名：')
        stu_age = input('请输入学生的年龄：')
```

```
stu_gender = input('请输入学生的性别：')
stu_address = input('请输入学生的住址：')
# 创建学生信息
# 将四个信息拼接为一个字符串，然后插入到列表中
stu = f'{stu_name}\t{stu_age}\t{stu_gender}\t{stu_address}'
# 显示一个提示信息
print('以下学生将被添加到系统中')
print('-' * 62)
print('姓名\t年龄\t性别\t住址')
print(stu)
print('-' * 62)
user_confirm = input('是否确认该操作[Y/N]:')
# 判断
if user_confirm == 'y' or user_confirm == 'yes':
    # 确认
    stus. append(stu)
    # 显示提示信息
    print('添加成功！')
else：
    # 取消操作
    print('添加已取消！')
elif user_choose == '3':
    # 删除学生，根据学生的序号来删除学生
    # 获取要删除的学生的序号
    del_num = int(input('请输入要删除的学生的序号：'))
    # 判断序号是否有效
    if 0 < del_num <= len(stus)：
        # 输入合法，根据序号来获取索引
        del_i = del_num - 1
        # 显示一个提示信息
        print('以下学生将被删除')
        print('-' * 62)
        print('\t序号\t姓名\t年龄\t性别\t住址')
        print(f'\t{del_num}\t{stus[del_i]}')
        print('-' * 62)
        user_confirm = input('该操作不可恢复，是否确认[Y/N]:')
        # 判断
```

```
                    if user_confirm == 'y' or user_confirm == 'yes':
                        # 删除元素
                        stus. pop(del_i)
                        # 显示提示
                        print('学生已被删除！')
                    else：
                        # 操作取消
                        print('操作已取消！')
                else：
                    # 输入有误
                    print('您的输入有误，请重新操作！')
            elif user_choose == '4':
                # 退出
                print('欢迎使用！再见！')
                input('点击回车键退出！')
                break
            else：
                print('您的输入有误，请重新选择！')
            # 打印分割线
            print('-' * 62)
```

2. 案例运行结果

案例程序运行结果如图4.1所示。

☆本节案例中涉及的知识点有：列表的创建、索引、列表的切片、列表的修改、列表的删除、列表的函数、列表的方法、列表的遍历。

4.2.2　列表的创建

（1）通过[]来创建列表。

（2）一个列表中可以存储多个元素，也可以在创建列表时，直接指定列表中的元素。

（3）当向列表中添加多个元素时，多个元素之间使用逗号隔开。

（4）列表中可以保存任意的对象。

创建不同形式的列表的代码示例如下：

```
# 创建一个空列表
my_list = []
# 创建一个只包含一个元素的列表
```

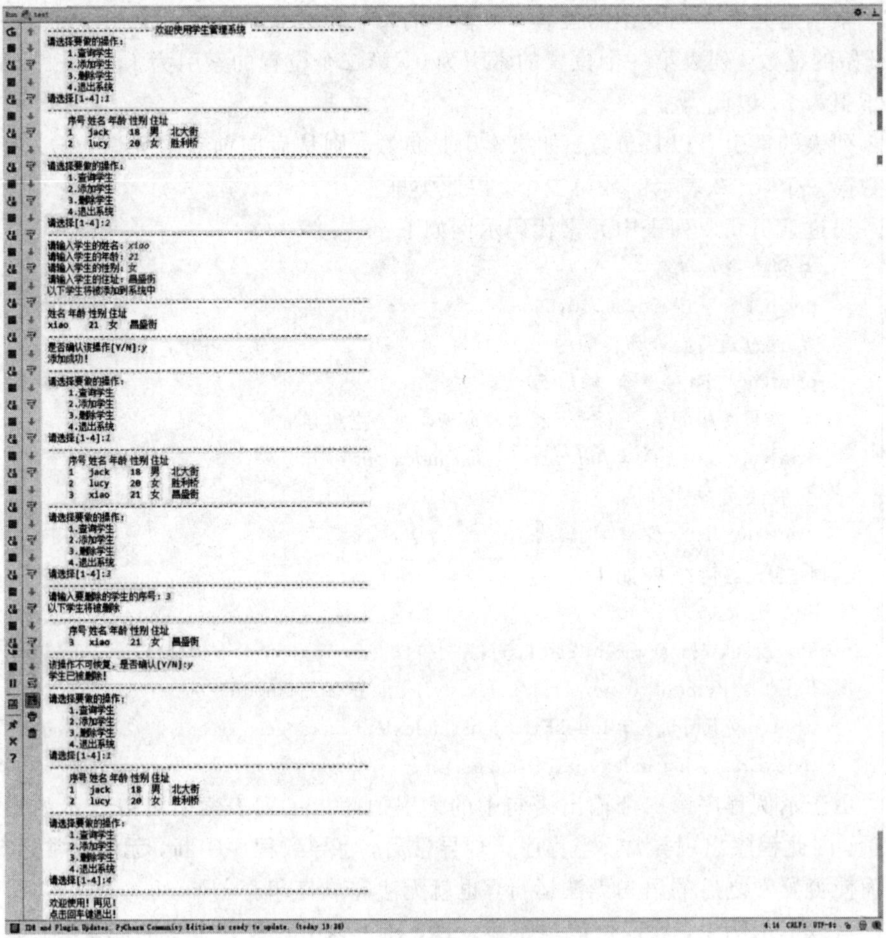

图 4.1　列表案例运行效果

my_list = [10]

\# 创建一个包含有 5 个元素的列表，多个元素之间使用逗号隔开

my_list = [10,20,30,40,50]

\# 创建一个包含任意对象的列表

my_list = [10,'hello',True,None,[1,2,3],print]

4.2.3　索引

列表中的对象都会按照插入的顺序存储到列表中，第一个插入的对象保存在第一个位置，第二个保存在第二个位置，以此类推。我们可以通过索引(index)来获取列表中的元素。

索引是元素在列表中的位置，列表中的每一个元素都有一个索引。索引是从 0 开始的整数，列表第一个位置的索引为 0，第二个位置的索引为 1，第三个位置的索引为 2，以此类推。

列表的索引可以是负数。如果索引是负数，则从后向前获取元素，−1 表示倒数第一个，−2 表示倒数第二个，以此类推。

通过索引获取列表中元素代码示例如下：

```
# 创建一个列表
my_list = [10,20,30,40,50]
# 通过索引获取列表中的元素
print(my_list[4]) # 输出 50
# 如果使用的索引超过了最大的范围，则会抛出异常
print(my_list[5]) # IndexError: list index out of range
# 使用负数索引
print(my_list[-2]) # 输出 40
```

示例程序运行结果如下：

```
50
Traceback (most recent call last):
File "F:/pythonPro/newTest/index. py", line 6, in <module>
print(my_list[5]) # IndexError: list index out of range
IndexError: list index out of range
```

由于示例程序第二个输出语句中的索引值超出了列表索引可以表示的最大范围，因此程序出现异常。当程序出现异常后，将导致程序中断，无法正常运行，从而使得异常之后的语句无法运行，也就无法完成打印。

从以上示例中，我们可以清楚地发现，通过索引获取列表中的元素时，索引可以是正数，也可以是负数。如果索引为负数，则从列表的最后一位开始倒序获取元素；如果索引超出列表的索引范围，则会报 IndexError：list index out of range 的异常。

4.2.4　列表的切片

切片指从现有列表中，获取一个子列表。做切片操作时，总会返回一个新的列表，不会影响原来的列表。语法：

列表［起始：结束：步长］

起始和结束位置的索引可以省略不写。如果省略起始位置，则会从第一个元素开始截取；如果省略起始位置和结束位置，则相当于创建了一个列表的副本。

说明：通过切片获取元素时，会包括起始位置的元素，但不会包括结束位置的元素。步长表示每次获取元素的间隔，默认值是1。

通过切片可以获取指定的元素，代码示例如下：

```
# 创建一个列表(一般创建列表时，变量的名字会使用复数)
stus = ['lucy','lily','hmm','tom','jack','sum']
# 列表的索引可以是负数
print(stus[-2])
# 通过切片来获取指定的元素
print(stus[1:])
print(stus[:3])
print(stus[:])
print(stus)

print(stus[0:5:3])
# 步长不能是0，但是可以是负数
print(stus[::0])  # ValueError：slice step cannot be zero
# 如果是负数，则会从列表的后部向前边取元素
print(stus[::-1])
```

示例程序运行结果如下：

```
jack
Traceback (most recent call last)：
['lily', 'hmm', 'tom', 'jack', 'sum']
['lucy', 'lily', 'hmm']
['lucy', 'lily', 'hmm', 'tom', 'jack', 'sum']
['lucy', 'lily', 'hmm', 'tom', 'jack', 'sum']
['lucy', 'tom']
    File "F:/pythonPro/newTest/index. py", line 13, in <module>
      print(stus[::0])  # ValueError：slice step cannot be zero
ValueError：slice step cannot be zero
```

从程序运行结果中我们可以清楚地看到，步长如果是0，将会导致程序出现异常，会报 ValueError：slice step cannot be zero 的异常；如果是负数，则会从列表的后部向前边取元素。

4.2.5 列表的修改

列表修改可以通过以下方式进行：

（1）直接通过索引来修改元素，代码示例如下：

```
# 创建一个列表
stus = ['lucy','lily','hmm','tom','jack','sum']
print("修改前：",stus)
# 修改列表中的元素
# 直接通过索引来修改元素
stus[0] = '小明'
stus[2] = '哈哈'
print('修改后：',stus)
```

示例程序运行结果如图 4.2 所示。

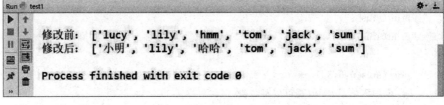

图 4.2　通过索引修改元素示例

（2）通过切片来修改元素，代码示例如下：

```
# 创建一个列表
stus = ['lucy','lily','hmm','tom','jack','sum']


# 通过切片来修改列表
# 使用新的元素替换旧元素
stus[0:2] = ['小明','小红'] # 列表结果为['小明', '小红', 'hmm', 'tom', 'jack', 'sum']


# 多出的新元素会插入列表中
stus[0:2] = ['小明','小红','小李']
# 列表结果为['小明', '小红', '小李', 'hmm', 'tom', 'jack', 'sum']


# 向索引为 0 的位置插入元素
stus[0:0] = ['小明'] # 列表结果为['小明', 'lucy', 'lily', 'hmm', 'tom', 'jack', 'sum']


# 当设置了步长时，序列中元素的个数必须和切片中元素的个数一致
stus[::2] = ['小明','小红','小李'] # 列表结果为['小明', 'lily', '小红', 'tom', '小李', 'sum']
```

4.2.6　列表的删除

可以通过切片来删除列表元素，代码示例如下：

```
# 创建一个列表
stus = ['lucy','lily','hmm','tom','jack','sum']

# 通过切片来删除元素 删除索引为 0，1 的列表元素
del stus[0:2] # 列表结果为['hmm', 'tom', 'jack', 'sum']

# 根据切片步长来删除元素 删除索引为 0，2，4 的元素
del stus[::2] # 列表结果为['lily', 'tom', 'sum']

# 删除索引为 1，2 的元素
stus[1:3] = [] # 列表结果为['lucy', 'tom', 'jack', 'sum']
```

4.2.7 列表的运算符及函数

下面我们介绍一些常用的列表运算符及函数，如表 4.1 所示。

表 4.1 常用列表运算符及函数

运算符及函数	函数说明
+	将两个列表拼接为一个列表
*	将列表重复指定的次数
in	检查指定元素是否存在于列表中，如果存在，则返回 True，否则返回 False
not in	检查指定元素是否不在列表中，如果不在，则返回 True，否则返回 False
len()	获取列表的长度，也即列表中元素的个数。获取到的长度值，是列表的最大索引值加 1
min()	获取列表中的最小值
max()	获取列表中的最大值

1. ＋运算符

"＋"运算符可以将两个列表拼接为一个列表。

```
my_list = [1,2,3] + [4,5,6]
```

2. ＊运算符

＊运算符可以将列表重复指定的次数。

```
my_list = [1,2,3] * 5
```

3. in 运算符

in 运算符用来检查指定元素是否存在于列表中。如果存在，则返回 True，否则返回 False。

```
#创建一个列表
stus = ['lucy','lily','hmm','tom','jack','sum']
print('lucy' in stus)
```

4. not in 运算符

not in 运算符用来检查指定元素是否不在列表中。如果不在，返回 True，否则返回 False。

```
print('lucy' not in stus)
```

5. len()函数

len()函数用于获取列表的长度，即列表中元素的个数。获取到的长度的值，是列表的最大索引值加 1。

```
print(len(stus))
```

6. min()函数

min()函数用于获取列表中的最小值。一般作用于 int 类型的列表。

```
arr = [10,1,2,5,100,77]
print(min(arr))
```

7. max()函数

min()函数用于获取列表中的最大值。一般作用于 int 类型的列表。

```
arr = [10,1,2,5,100,77]
print(max(arr))
```

4.2.8 列表的方法

列表的方法和函数基本上是一样的，只不过方法必须通过"对象.方法()"的形式调用。

列表的方法实际上就是和对象关系紧密的函数。

1. index()方法

功能：获取指定元素在列表中第一次出现时索引。如果指定元素不在列表中，则会抛出异常。

index()方法中可以传入一个参数，也可以传入三个参数。index()方法中如果只有一个参数，表示从列表索引 0 开始查找，直到结束。index()方法中如果包含三个参数，则第一个参数表示要查找的列表元素，第二个参数表示查找的起始位置，第三个参数表示查找的结束位置，包括开始，不包括结束。

代码示例如下：

```
# 创建一个列表
stus = ['lucy','lily','hmm','tom','jack','sum']
# 检查 stus 列表中有没有"lucy"
print(stus.index('lucy'))
# 如果要获取列表中没有的元素，会抛出异常
print(stus.index('小明'))  # ValueError：'小明' is not in list
# index()的第二个参数，表示查找的起始位置，第三个参数，表示查找的结束位
# 置，包括开始，不包括结束
print(stus.index('hmm',3,7))
```

2. count()方法

功能：统计指定元素在列表中出现的次数。

代码示例如下：

```
# 创建一个列表
stus = ['lucy','lily','hmm','tom','jack','sum']
# 统计列表 stus 中包含'小明'的个数
print(stus.count('小明'))  # 结果为 0

# 统计列表 stus 中包含'lucy'的个数
print(stus.count('lucy'))  # 结果为 1
```

3. append()方法

功能：向列表的最后添加一个元素。

代码示例如下：

```
stus.append('小明')
```

4. insert()方法

功能：向列表的指定位置插入一个元素。

代码示例如下：

```
stus.insert(2,'小明')
```

其中，第一个参数表示要插入的位置；第二个参数表示要插入的元素。

5. extend()方法

功能：使用新的序列来扩展当前序列。

该方法需要有一个序列作为参数，它会将该序列中的元素添加到当前列表中。

代码示例如下：

```
stus. extend(['小明','小红'])
```

6. clear()方法

功能：清空序列。

代码示例如下：

```
stus. clear()
```

7. pop()方法

功能：根据索引删除并返回被删除的元素。

代码示例如下：

```
result = stus. pop(2) # 删除索引为 2 的元素
result = stus. pop() # 删除最后一个元素
```

8. remove()方法

功能：删除指定值的元素；如果相同值的元素有多个，则只会删除第一个。

代码示例如下：

```
stus. remove('小明')
```

9. reverse()方法

功能：反转列表。

代码示例如下：

```
stus. reverse()
```

10. sort()方法

功能：对列表中的元素进行排序，默认是升序排列，如果需要降序排列，则需要传递一个 reverse＝True 作为参数。

代码示例如下：

```
my_list ＝ list('asnbdnbasdabd')
my_list. sort(reverse＝True)
```

4.2.9 列表的遍历

遍历列表，指将列表中的所有元素取出来。

遍历列表的具体方法有：

（1）通过索引遍历列表。代码示例如下：

```
# 创建一个列表
stus = ['lucy','lily','hmm','tom','jack','sum']
# 遍历列表
print(stus[0])
```

```
print(stus[1])
print(stus[2])
print(stus[3])
print(stus[4])
print(stus[5])
```

示例程序运行结果如下：

```
lucy
lily
hmm
tom
jack
sum
```

（2）通过 while 循环来遍历列表。代码示例如下：

```
＃创建一个列表
stus = ['lucy','lily','hmm','tom','jack','sum']
# 通过 while 循环来遍历列表
i = 0
while i < len(stus)：
    print(stus[i])
    i += 1
```

示例程序运行结果如下：

```
lucy
lily
hmm
tom
jack
sum
```

（3）通过 for 循环来遍历列表。语法：

```
for 变量 in 序列：
    代码块
```

for 循环的代码块会执行多次，序列中有几个元素就会执行几次，每执行一次就会将序列中的一个元素赋值给变量，所以我们可以通过变量来获取列表中的元素。代码示例如下：

```
＃创建一个列表
stus = ['lucy','lily','hmm','tom','jack','sum']
# 通过 for 循环来遍历列表
```

```
# 语法：
#    for 变量 in 序列：
#        代码块
# for 循环的代码块会执行多次，序列中有几个元素就会执行几次
#    每执行一次就会将序列中的一个元素赋值给变量
#    可以通过变量来获取列表中的元素

for s in stus：
print(s)
```

4.2.10　提升训练及作业

1. 提升训练

EMS 员工管理系统练习。系统功能如下：

① 查询：显示当前系统当中的所有员工；

② 添加：将员工添加到当前系统中；

③ 删除：将员工从系统中删除；

④ 退出：退出系统。

问题：员工信息要保存在哪里？

建议：在该系统中应该有一个列表，专门用来保存所有员工信息，列表是可变序列，方便实现员工信息的修改、添加。

参考代码：

```
# 显示系统的欢迎信息
print('-' * 20, '欢迎使用员工管理系统', '-' * 20)
# 创建一个列表，用来保存员工的信息，员工的信息以字符串的形式统一保存在列表中
emps = ['陈序员\t18\t男\t北大街', '工程师\t22\t男\t胜利桥']

# 创建一个死循环
while True：
    # 显示用户的选项
print('请选择要做的操作：')
print('\t1. 查询员工')
print('\t2. 添加员工')
print('\t3. 删除员工')
print('\t4. 退出系统')
user_choose = input('请选择[1-4]:')
```

EMS员工管理系统

扫码做练习

```python
print('-' * 65)
# 根据用户的选择做相关的操作
if user_choose == '1':
    # 查询员工
    # 打印表头
    print('\t 序号\t 姓名\t 年龄\t 性别\t 住址')
    # 创建一个变量，来表示员工的序号
    n = 1
    # 显示员工信息
    for emp in emps：
        print(f'\t{n}\t{emp}')
        n += 1
elif user_choose == '2':
    # 添加员工
    # 获取要添加员工的信息，姓名、年龄、性别、住址
    emp_name = input('请输入员工的姓名：')
    emp_age = input('请输入员工的年龄：')
    emp_gender = input('请输入员工的性别：')
    emp_address = input('请输入员工的住址：')


    # 创建员工信息
    # 将四个信息拼接为一个字符串，然后插入到列表中
    emp = f'{emp_name}\t{emp_age}\t{emp_gender}\t{emp_address}'
    # 显示一个提示信息
    print('以下员工将被添加到系统中')
    print('-' * 65)
    print('姓名\t 年龄\t 性别\t 住址')
    print(emp)
    print('-' * 65)
    user_confirm = input('是否确认该操作[Y/N]：')


    # 判断
    if user_confirm == 'y' or user_confirm == 'yes':
        # 确认
        emps. append(emp)
        # 显示提示信息
        print('添加成功！')
```

```
            else：
                # 取消操作
                print('添加已取消！')

        elif user_choose == '3'：
            # 删除员工，根据员工的序号来删除员工
            # 获取要删除的员工的序号
            del_num = int(input('请输入要删除的员工的序号：'))

            # 判断序号是否有效
            if 0 < del_num <= len(emps)：
                # 输入合法，根据序号来获取索引
                del_i = del_num - 1
                # 显示一个提示信息
                print('以下员工将被删除')
                print('-' * 65)
                print('\t序号\t姓名\t年龄\t性别\t住址')
                print(f'\t{del_num}\t{emps[del_i]}')
                print('-' * 65)
                user_confirm = input('该操作不可恢复，是否确认[Y/N]:')
                # 判断
                if user_confirm == 'y' or user_confirm == 'yes'：
                    # 删除元素
                    emps.pop(del_i)
                    # 显示提示
                    print('员工已被删除！')
                else：
                    # 操作取消
                    print('操作已取消！')
            else：
                # 输入有误
                print('您的输入有误，请重新操作！')

        elif user_choose == '4'：
            # 退出
            print('欢迎使用！再见！')
            input('点击回车键退出！')
```

```
        break
    else：
        print('您的输入有误，请重新选择！')

    # 输出分割线
    print('-' * 65)
```

2. 作业

开发基于控制台的试题信息管理系统。具体要求如下：

① 列出所有试题信息；

② 添加试题；

③ 删除试题；

④ 退出系统。

4.3 元组

元组(tuple)是一个不可变的序列，它的操作方式基本上和列表是一致的。所以在操作元组时，就把元组当成是一个不可变的列表就可以了。

一般当我们希望数据不改变时，就使用元组，其余情况都使用列表。

4.3.1 元组案例

1. 案例代码

本案例实现的功能为：实现指定元组的解包。代码如下：

```
my_tuple = 10 , 20 , 30 , 40
# 元组的解包
# 解包就是将元组当中每一个元素都赋值给一个变量
a,b,c,d = my_tuple


print("a =",a)
print("b =",b)
print("c =",c)
print("d =",d)
```

2. 案例运行结果

案例程序运行结果如图 4.3 所示。

```
Run   test                                                        ⚙ ⌄  ⌐
▶  ↑    a = 10
■  ↓    b = 20
Ⅱ  ⇥    c = 30
       ⇤    d = 40
▤  ▣
       Process finished with exit code 0
»  ▶
▦                                          7:15  CRLF:  UTF-8:  ▤  ⊕  ⌕
```

图 4.3　元组案例运行结果

☆本节案例中涉及的知识点有：元组的创建、元组的解包。

4.3.2　元组的创建

(1) 使用()来创建元组。

(2) 当元组不是空元组时，()可以省略。

(3) 如果元组不是空元组，它里边至少要有一个元素。

代码示例如下：

```
#创建元组
#使用()来创建元组
my_tuple = ()  # 创建了一个空元组
# print(my_tuple,type(my_tuple))  # <class 'tuple'>

my_tuple = (1,2,3,4,5)  # 创建了一个 5 个元素的元组
# 元组是不可变对象，不能尝试为元组中的元素重新赋值
# my_tuple[3] = 10 TypeError: 'tuple' object does not support item assignment
# print(my_tuple[3])

# 当元组不是空元组时，括号可以省略
# 如果元组不是空元组，则它里边至少要有一个元素
my_tuple = 10,20,30,40
my_tuple = 40,
# print(my_tuple , type(my_tuple))
```

4.3.3　元组的解包

元组的解包指将元组当中每一个元素都赋值给一个变量。

4.3.4　提升训练及作业

1. 提升训练

(1) 用程序实现两个变量的交换。

扫码做练习

参考代码：

```
#定义两个变量
a＝100
b＝300
print('交换前 a=',a ,'b=', b)


# 交互 a 和 b 的值，这时可以利用元组的解包
a，b＝b，a
print('交换后 a=',a ,'b=', b)
```

（2）" ＊ "的使用。在对一个元组进行解包时，变量的数量必须和元组中的元素数量一致，也可以在变量前边添加一个 ＊ 号，这样变量将会获取元组中所有剩余的元素。

参考代码：

```
my_tuple＝10，20，30，40


# 在对一个元组进行解包时，变量的数量必须和元组中的元素数量一致
# 也可以在变量前边添加一个 ＊ 号，这样变量将会获取元组中所有剩余的元素
a，b，＊c＝my_tuple # 运行结果：a=10 b=20 c=[30,40]
print('a =',a,'b =',b,'c =',c)


a，＊b，c＝my_tuple     # 运行结果：a=10 b = [20，30] c=40
print('a =',a,'b =',b,'c =',c)


＊a，b，c＝my_tuple     # 运行结果：a=[10，20] b = 30 c=40
print('a =',a,'b =',b,'c =',c)


a，b，＊c＝[1,2,3,4,5,6,7] # 运行结果：a = 1 b = 2 c = [3，4，5，6，7]
print('a =',a,'b =',b,'c =',c)


a，b，＊c＝'hello world' # 运行结果：a = h b = e c = ['l', 'l', 'o', ' ', 'w', 'o', 'r', 'l', 'd']
print('a =',a,'b =',b,'c =',c)


# 不能同时出现两个或两个以上的 ＊ 变量
# 如 ＊a，＊b，c＝my_tuple
# 会报异常 SyntaxError：two starred expressions in assignment
```

2. 作业

请使用元组解包的方式把 a～z 的字母赋值给 a、b、c 三个变量。

可变对象

4.4 可变对象

可变对象，指该对象所指向的内存中的值可以被改变。变量（准确地说是引用）改变后，实际上是其所指的值直接发生改变，并没有发生复制行为，也没有开辟新的地址，通俗说就是原地改变。

在 Python 中，数值类型 int 和 float、字符串 str、元组 tuple 都是不可变类型，而列表 list、字典 dict、集合 set 都是可变类型。

每个对象中都保存了三个数据：id（标识，即对象的地址）、type（对象的类型）和 value（对象的值）。

4.4.1 可变对象案例

1. 案例代码

本案例实现的功能为：通过索引修改列。代码如下：

```
#定义一个列表
a = [1, 2, 3]
print('修改前',id(a))

# 修改对象
a[0] = 10
print('修改后',id(a))
```

2. 案例运行结果

案例程序的运行结果如图 4.4 所示。

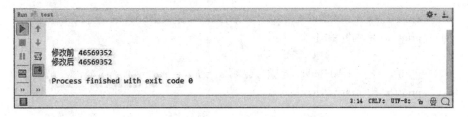

图 4.4　可变对象案例运行结果

☆本节案例中涉及的知识点有：可变对象的修改。

4.4.2 可变对象的修改

下面我们来看一下可变对象是如何修改的。先来看下面的示例代码：

```
a = [1,2,3]
a[0] = 10 #（此代码表示修改对象）
```

代码说明：这段代码的功能是通过变量去修改对象的值，不会改变变量所指向的对象。当我们修改对象时，如果有其他变量也指向了该对象，则修改也会在其他的变量中体现出来。

如果上面代码修改为如下代码：

```
a = [4,5,6]
```

则以上操作是在给变量重新赋值，这种操作会改变变量所指向的对象。为一个变量重新赋值时，不会影响其他的变量。特殊说明一下，一般只有在为变量赋值时才是修改变量，其余的都是修改对象。

4.4.3 提升训练及作业

1. 提升训练

比较列表对象的 id 是否相同。

参考代码：

```
# # 可变对象
a = [1,2,3]
print('修改前：', a , id(a))


# 通过索引修改列表
a[0] = 10
print('通过索引修改列表后：', a , id(a))


# # 为变量重新赋值
a = [4,5,6]
print('为变量重新赋值后：', a , id(a))


# 定义列表
a = [1,2,3]


# 把列表 a 赋值给新对象
b = a


# 修改新对象列表 b
b[0] = 10
```

扫码做练习

```
# 重新为对象列表 b 赋值
b = [10,2,3]
print('查看 a 和 b 两个列表的 id 是否相同')
print("a",a,id(a))
print("b",b,id(b))    # 结果：a,b 列表的 id 不同

# == != is is not
# == != 比较的是对象的值是否相等
# is is not 比较的是对象的 id 是否相等（比较两个对象是否是同一个对象）

a = [1,2,3]
b = [1,2,3]
print(a,b)
print(id(a),id(b))
print(a == b) # a 和 b 的值相等，使用==会返回 True
print(a is b) # a 和 b 不是同一个对象，内存地址不同，使用 is 会返回 False
```

2. 作业

创建一个包含有 10 个用户姓名的列表，修改其中第 5 个元素，并输出修改前后列表的 id 值。

4.5 字典

字典属于一种新的数据结构，称为映射（mapping）。字典和列表类似，都是用来存储对象的容器，并且在字典中每一个元素都有一个唯一的名字，通过这个唯一的名字可以快速地查找到指定的元素。

在查找元素时，字典的效率是非常快的（列表存储数据的性能很好，但是查找数据的性能很差）。在字典中可以保存多个对象，每个对象都会有一个唯一的名字，此时这个唯一的名字，我们称其为键（key）。通过 key 可以快速地查找到对象，此时的这个对象，我们称其为值（value）。通常情况下，我们也称字典为键值对（key-value）结构。每个字典里可以有多个键值对，而每一个键值对我们称其为一项（item）。

4.5.1 字典案例

下面我们看一下字典中的 value 应该如何修改。代码如下：

```
# 字典
```

```python
# 创建字典
d = {'name':'陈序员' , 'age':18 , 'gender':'男' , 'english-name':'chenxuyuan'}
print('字典原数据',d)
# 修改字典
# d[key] = value，如果 key 存在则覆盖，不存在则添加
d['name'] = '小明' # 修改字典的 key-value
d['address'] = '北大街' # 向字典中添加 key-value

print('d[key]方式  字典修改后',d)


print('------------------setdefault------------------')
# setdefault(key[ , default]) 可以用来向字典中添加 key-value
#    如果 key 已经存在于字典中，则返回 key 的值，不会对字典做任何操作
#    如果 key 不存在，则向字典中添加这个 key 的值，并设置 value
result = d.setdefault('name','小明')
result = d.setdefault('hello','小红')

print('setdefault()方式  字典修改后',d)


print('------------------update------------------')
# update([other])
# 将其他的字典中的 key-value 添加到当前字典中
# 如果有重复的 key，则后边的会替换当前的
d = {'a':1,'b':2,'c':3}

d2 = {'d':4,'e':5,'f':6, 'a':7}

print('原数据 d=',d,'d2=',d2)
d.update(d2)
print('update 修改后',d)


print('------------------copy------------------')
# copy()
# 该方法用于对字典进行浅复制
# 复制以后的对象，相对于原对象是独立的，修改一个不会影响另一个
# 注意，浅复制会简单复制对象内部的值，如果值也是一个可变对象，这个可变对
# 象不会被复制
```

```
d = {'a':1,'b':2,'c':3}
print('原数据 d id=',id(d),'d=',d)
d2 = d. copy()
print("copy 后 d id=",id(d),'d2=',d2)
```

☆本节案例中涉及的知识点有：字典的语法、字典的创建、字典值的获取、字典值的修改、字典值的删除、字典的遍历、字典的常用函数。

4.5.2　字典的语法

字典的语法格式如下：

```
{k1:v1,k2:v2,k3:v3}
```

其中，k1、k2、k3 表示字典的键，也叫 key；v1、v2、v3 表示字典的值，也叫 value。

字典的 key 与 value 之间使用冒号隔开，多个 key-value 组合之间使用逗号隔开。

4.5.3　字典的创建

字典的创建有多种方式，常用的有以下几种：

（1）创建一个空字典。

（2）创建一个带数字的字典。

（3）使用 dict()函数创建字典。

（4）将包含有双值子序列的序列转换为字典。

代码示例如下：

```
#字典
#使用 {} 来创建字典
d = {} # 创建了一个空字典

# 创建一个带数字的字典
# 语法：
#    {key:value,key:value,key:value}

# 一行代码创建字典
d = {'name':'陈序员' , 'age':18 , 'gender':'男' , 'english-name':'chenxuyuan'}

# 多行代码创建字典
d = {
'name':'陈序员' ,
'age':18 ,
```

```
'gender':'男' ,

'english-name':'chenxuyuan'

}


# 使用 dict()函数来创建字典
# 每一个参数都是一个键值对，参数名就是键，参数值就是值(这种方式创建的字
# 典，key 都是字符串)
d = dict(name='陈序员',age=18,gender='男')


# 也可以将一个包含有双值子序列的序列转换为字典
# 双值序列：序列中只有两个值，如[1,2]、('a',3)、'ab'
# 子序列：如果序列中的元素也是序列，那么我们就称这个元素为子序列
# [(1,2),(3,5)] # 双值序列
d = dict([('name','陈序员'),('age',18)])
```

字典的键可以是任意的不可变对象(int、str、bool、tuple 等)，但是一般我们都会使用 str。字典的键不能重复，如果出现重复，后边的会替换前边的内容。在使用 dict()函数创建字典时，每一个参数都是一个键值对，参数名就是键，参数值就是值。

4.5.4　字典值的获取

获取字典值的方法有：

(1) 根据键获取。语法：

```
d[key]
```

代码示例如下：

```
d = {'name':'陈序员' , 'age':18 , 'gender':'男' , 'english-name':'chenxuyuan'}
print(d['age'])
```

在以上示例代码中，如果键不存在，则会抛出异常 KeyError。

(2) 通过 get()函数获取。语法：

```
get(key[, default])
```

代码示例如下：

```
d = {'name':'陈序员' , 'age':18 , 'gender':'男' , 'english-name':'chenxuyuan'}
print(d. get('name'))
```

在以上示例代码的运行过程中，如果获取的键在字典中不存在，那么会返回 None。也可以指定一个默认值来作为第二个参数，这样获取不到值时将会返回默认值。代码示例如下：

```
# 字典
# 使用 {} 来创建字典
d = {}  # 创建了一个空字典


# 创建一个带数字的字典
# 语法：
#     {key：value，key：value，key：value}


# 一行代码创建字典
d = {'name':'陈序员' , 'age':18 , 'gender':'男' , 'english-name':'chenxuyuan'}


print('字典中数据：',d)
# 获取字典中的值，根据键来获取值
# 语法：d[key]
print('通过键来获取字典值 age：',d['age'])


n = 'name'
print('通过键来获取字典值 name：',d[n])


# 通过键来获取值时，如果键不存在，则会抛出异常 KeyError
# get(key[，default])，该方法用来根据键获取字典中的值
#     如果要获取的值在字典中不存在，则会返回 None
#     也可以指定一个默认值，来作为第二个参数，这样获取不到值时将会返回默认值
print('通过 get()来获取字典值 name：',d.get('name'))
print('通过 get()来获取字典值 hello：',d.get('hello','默认值'))
```

示例程序运行结果如图 4.5 所示。

```
Run    test                                                    ⚙ ↓
▶  ↑   字典中数据：{'name': '陈序员', 'age': 18, 'gender': '男', 'english-name': 'chenxuyuan'}
■  ↓   通过键来获取字典值 age: 18
       通过键来获取字典值 name: 陈序员
‖  ⊟   通过get()来获取字典值 name: 陈序员
       通过get()来获取字典值 hello: 默认值

       Process finished with exit code 0

                                   537 chars, 24 line breaks   25:51  CRLF≑ UTF-8≑
```

图 4.5 获取字典值示例程序运行结果

4.5.5 字典值的修改

字典值的修改可以通过以下方式进行：

（1）通过 key 修改字典值。语法：

    d[key] = value

说明：如果 key 存在则覆盖，不存在则添加。

（2）通过 setdefault 修改字典值。语法：

    d.setdefault(key,[,default])

说明：setdefault(key[,default])可以用来向字典中添加 key-value。

在以上方法中，如果 key 已经存在于字典中，则返回 key 对应的 value 值，不会对字典做任何操作；如果 key 不存在，则向字典中添加这个 key，设置 value 值，并且返回 key 对应的 value 值。

（3）通过 update()函数修改字典值。语法：

    d.update([other])

说明：将其他的字典中的 key-value 添加到当前字典中，如果有重复的 key，则后边的会替换当前的 vaule。

（4）通过 copy()函数修改字典值。该方法用于对字典进行浅复制，复制以后的对象相对于原对象是独立的，修改其中一个不会影响另一个。浅复制会简单复制对象内部的值，如果值也是一个可变对象，则这个可变对象不会被复制。

4.5.6　字典值的删除

字典值的删除方式有以下几种：

（1）del 字典名[key]。此种方式通过键进行字典删除。如果删除的 key 值不存在，则会抛出异常。

代码示例如下：

```
# 创建字典
d = {'a':1,'b':2,'c':3}

print('字典原数据:',d)

# 字典值删除方式一
# 字典删除,可以使用 del 来删除字典中的 key-value
del d['a']
del d['b']

print('删除后字典数据:',d)
```

示例程序运行结果如图 4.6 所示。

```
Run  test
字典原数据： {'a': 1, 'b': 2, 'c': 3}
删除后字典数据： {'c': 3}

Process finished with exit code 0

137 chars, 10 line breaks        14:20  CRLF UTF-8
```

图 4.6　字典值删除示例程序运行结果 1

（2）popitem()。此种方式是随机删除字典中的一个键值对，删除之后，它会将删除的 key-value 作为返回值返回。返回的是一个元组，元组中有两个元素，第一个元素是删除的 key，第二个元素是删除的 value。如果使用 popitem() 删除一个空字典，则会抛出异常 KeyError：'popitem()：dictionary is empty'。

代码示例如下：

```
# 字典值删除方式二
# popitem()
# 随机删除字典中的一个键值对，一般都会删除最后一个键值对
#  删除之后，它会将删除的 key-value 作为返回值返回
#  返回的是一个元组，元组中有两个元素，第一个元素是删除的 key，第二个是
#  删除的 value
# 当使用 popitem() 删除一个空字典时，会抛出异常 KeyError：'popitem()：dictionary
# is empty'
# d. popitem()
# 创建字典
d = {'a':1,'b':2,'c':3}
print('字典原数据:',d)


result = d. popitem()


print('删除后字典数据:',d,'删除的数据为:',result)
```

示例程序运行结果如图 4.7 所示。

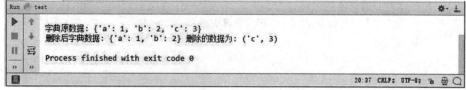

```
Run  test
字典原数据： {'a': 1, 'b': 2, 'c': 3}
删除后字典数据： {'a': 1, 'b': 2} 删除的数据为： ('c', 3)

Process finished with exit code 0

20:37  CRLF UTF-8
```

图 4.7　字典值删除示例程序运行结果 2

（3）pop(key[，default])。此种方式根据 key 删除字典中的 key-value，并且将被删除的 value 返回。如果删除不存在的 key，则会抛出异常。如果指定了默认值，再删除不存在的 key，则不会报错，而是直接返回默认值。

代码示例如下：

```
# 字典值删除方式三
# pop(key[，default])
# 根据 key 删除字典中的 key-value
# 会将被删除的 value 返回！
# 如果删除不存在的 key，则会抛出异常
#  如果指定了默认值，再删除不存在的 key，则不会报错，而是直接返回默认值
d = {'a':1,'b':2,'c':3}
print('字典原数据：',d)


result = d.pop('b')
print('删除后字典数据：',d,'删除的数据：',result)


result = d.pop('z','这是默认值')
print('删除的数据不存在',result)
```

示例程序运行结果如图 4.8 所示。

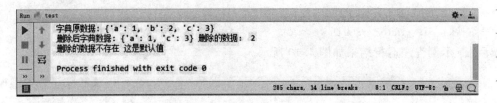

图 4.8　字典值删除示例程序运行结果 3

（4）clear()。此方式用来清空字典。

代码示例如下：

```
# 字典值删除方式四
# clear()用来清空字典


d = {'a':1,'b':2,'c':3}
print('字典原数据：',d)
d.clear()
print('字典数据清空后',d)
```

示例程序运行结果如图 4.9 所示。

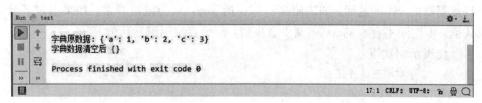

图 4.9　字典值删除示例程序运行结果 4

4.5.7　字典的遍历

字典的遍历方法有多种：

（1）keys()。使用该方法会返回字典的所有的 key，并且会返回一个序列，序列中保存有字典的所有的键。

代码示例如下：

```
# 遍历字典
# keys()方法会返回字典的所有的 key
#    该方法会返回一个序列，序列中保存有字典的所有的键
d = {'name':'陈序员','age':18,'gender':'男'}

# 通过遍历 keys()来获取所有的键
for k in d.keys() :
    print(k , d[k])
```

示例程序运行结果如图 4.10 所示。

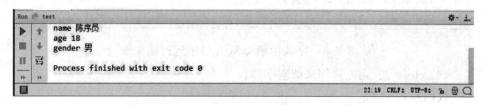

图 4.10　字典遍历示例程序运行结果 1

（2）values()。使用该方法会返回一个序列，序列中保存有字典的所有的值。

代码示例如下：

```
# 创建字典
d = {'name':'陈序员','age':18,'gender':'男'}

# 遍历字典
```

values() 方法会返回一个序列，序列中保存有字典的所有的值
for v in d. values()：
    print(v)

示例程序运行结果如图 4.11 所示。

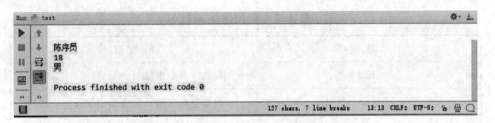

图 4.11 字典遍历示例程序运行结果 2

（3）items()。使用该方法会返回字典中所有的项。该方法返回的字典中所有的项是一个序列，序列中包含有双值子序列，双值分别是字典中的 key 和 value。

代码示例如下：

# 遍历字典
# 创建字典
d = {'name':'陈序员','age':18,'gender':'男'}

遍历字典
items() 方法会返回字典中所有的项
它会返回一个序列，序列中包含有双值子序列
双值分别是字典中的 key 和 value
print(d. items())
for k,v in d. items()：
    print(k , '=' , v)

示例程序运行结果如图 4.12 所示。

图 4.12 字典遍历示例程序运行结果 3

4.5.8 常用字典函数

下面介绍一些常用的字典函数，比如如何计算字典中的健值个数，判断是否包含健值等函数，如表 4.2 所示。

表 4.2 常用字典函数

函 数 名 称	函 数 说 明
len()	获取字典中键值对的个数
in	检查字典中是否包含指定的键
not in	检查字典中是否不包含指定的键

代码示例如下：

```python
#创建字典
d = {'name':'陈序员','age':18,'gender':'男'}

print('字典数据为：',d)
# len() 用于获取字典中键值对的个数
print('字典长度为：',len(d))

# in 用于检查字典中是否包含指定的键
# not in 用于检查字典中是否不包含指定的键
print('字典中存在 hello 吗？ ','hello' in d)
print('字典中不存在 weight 吗？ ','weight' not in d)
```

示例程序运行结果如图 4.13 所示。

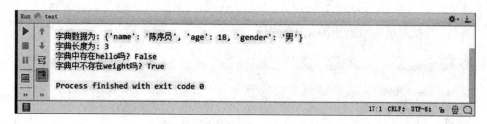

图 4.13　常用字典函数示例程序运行结果

4.5.9　提升训练及作业

1. 提升训练

（1）请在 dict 字典中增加一个键值对："Python 四班":"小李"，并输出添加后的字典值。

> dict = {"Python 一班":"小明","Python 二班":"小华","Python 三班":"小丽"}

参考代码：

> dict = {"Python 一班":"小明","Python 二班":"小华","Python 三班":"小丽"}
> print("dict 原来的值：",dict)
> dict["Python 四班"] = "小李"
> print("dict 新增后变为：",dict)

（2）请获取 dict 字典中"k6"对应的值，如果不存在，则不报错，并且让其返回 None。

> dict = {"Python 一班":"小明","Python 二班":"小华","Python 三班":"小丽","Python 四班":"小李"}

参考代码：

> dict = {"Python 一班":"小明","Python 二班":"小华","Python 三班":"小丽","Python 四班":"小李"}
> print("dict 值：",dict)
> print(dict. get("Python 六班",None))

2. 作业

使用字典保存 5 个国家的英文名称及对应的中文名称。

4.6　集合

集合(set)是一个无序的不重复元素序列。集合的特点一般有如下几点：

（1）集合中只能存储不可变对象。

（2）集合中存储的对象是无序的。

（3）集合中不能出现重复的元素，重复的元素会被自动去除。

4.6.1　集合案例

本案例实现的功能为：创建集合，并对集合中的数据进行添加、修改、删除等操作。

扫码做练习

```python
# 集合
# 使用 {} 来创建集合
s = {10,3,5,1,2,1,2,3,1,1,1,1} # <class 'set'>
# s = {[1,2,3],[4,6,7]} # 集合中不能存储不可变对象，否则会报异常 TypeError：
# unhashable type：'list'


# 可以使用 set() 函数创建集合
s = set() # 空集合


# 可以通过 set()将序列和字典转换为集合
s = set([1,2,3,4,5,1,1,2,3,4,5])
s = set('hello')
s = set({'a':1,'b':2,'c':3}) # 使用set()将字典转换为集合时，只会包含字典中的键


# 创建集合
s = {'a' , 'b' , 1 , 2 , 3 , 1}


# 使用 in 和 not in 可以检查集合中的元素
print('c' in s)


# 使用 len()可以获取集合中元素的数量
print(len(s))


# add()可以向集合中添加元素
s. add(10)
s. add(30)


# update()可以将一个集合中的元素添加到当前集合中
# update()可以用序列或字典作为参数，而字典只能使用键作为参数
s2 = set('hello')
s. update(s2)
s. update((10,20,30,40,50))
s. update({10:'ab',20:'bc',100:'cd',1000:'ef'})


# {1, 2, 3, 100, 40, 'o', 10, 1000, 'a', 'h', 'b', 'l', 20, 50, 'e', 30}
# pop()可以随机删除并返回一个集合中的元素
# result = s. pop()
```

 # remove()可以删除集合中的指定元素
s. remove(100)
s. remove(1000)

 # clear()可以清空集合
s. clear()

 # copy()可以对集合进行浅复制

 # print(result)
print(s, type(s))

☆本节案例中涉及的知识点有：集合的创建、集合的常用方法、集合的运算。

4.6.2 集合的创建

通常情况下，我们可以使用大括号或者 set()函数创建集合。但是需要注意的是，创建一个空集合必须用 set()而不能用{}，因为{}是用来创建一个空字典的。

4.6.3 集合的常用方法

集合中包含很多对集合处理的方法，比如创建集合，测试集合中的元素，添加、修改操作等，如表 4.3 所示。

表 4.3 集合的常用方法

方法名称	方 法 说 明
set()	创建集合
len()	获取集合中元素的数量
in/not in	判断值是否存在
add()	向集合中添加元素，没有返回值
update()	将一个集合中的元素添加到当前集合中
remove()	删除集合中的指定元素，没有返回值
clear()	清空集合
copy()	对集合进行浅复制

4.6.4 集合的运算

Python 的集合中有交集、并集、差集等运算，如表 4.4 所示。

表 4.4 运算符

运算符	运 算 说 明
&	交集运算
|	并集运算
—	差集运算
^	异或集运算
<=	检查一个集合是否是另一个集合的子集
<	检查一个集合是否是另一个集合的真子集
>=	检查一个集合是否是另一个集合的超集
>	检查一个集合是否是另一个集合的真超集

代码示例如下：

```
# 在对集合做运算时，不会影响原来的集合，而是返回一个运算结果
# 创建两个集合
s = {1,2,3,4,5}
s2 = {3,4,5,6,7}

# & 交集运算
result = s & s2 # result 输出结果为：{3, 4, 5}

# | 并集运算
result = s | s2 # result 输出结果为：{1,2,3,4,5,6,7}

# — 差集运算
result = s — s2 # result 输出结果为：{1, 2}

# ^ 异或集运算。获取只在一个集合中出现的元素
result = s ^ s2 # result 输出结果为：{1, 2, 6, 7}

# <= 用于检查一个集合是否是另一个集合的子集
# 如果 a 集合中的元素全部都在 b 集合中出现，那么 a 集合就是 b 集合的子集，
# b 集合是 a 集合超集
a = {1,2,3}
b = {1,2,3,4,5}

result = a <= b # result 输出结果为：True
```

result = {1,2,3} <= {1,2,3} # *result 输出结果为：True*
result = {1,2,3,4,5} <= {1,2,3} # *result 输出结果为：False*

# < 用于检查一个集合是否是另一个集合的真子集
# 如果超集 b 中的含有子集 a 中的所有元素，并且 b 中含有 a 中没有的元素，则 b
# 就是 a 的真超集，a 是 b 的真子集
result = {1,2,3} < {1,2,3} # *result 输出结果为：False*
print(result)
result = {1,2,3} < {1,2,3,4,5} # *result 输出结果为：True*

# >= 用于检查一个集合是否是另一个的超集
# > 用于检查一个集合是否是另一个的真超集
result = {1,2,3} >= {1,2,3} # *result 输出结果为：True*
result = {1,2,3,4,5} > {1,2,3} # *result 输出结果为：True*

4.6.5 提升训练及作业

1. 提升训练

写程序：保存用户名和密码。要求如下：

① 用户名和密码保存在如下数据结构中：

uList = [
    {'username': '张三', 'password': '1234'},
    # *{'username': '李四', 'passwod': '123456'}*
]

② 可连续输入用户名和密码。

③ 如果想终止程序，可通过输入 Q 或者 q 完成。

④ 判断名字是否重复，如果重复则输出"用户名已存在，请重新输入"，并跳过本次录入。

⑤ 每次添加成功后，输出刚添加的用户名和密码。

参考代码：

```
uList = []
board = ['zs', 'ls', 'ww']
name = []
dic = {}
while True:
    username = input('请输入用户名【输入 Q 或 q 结束】：\n')
    if username. upper() == 'Q':
```

扫码做练习

```
        print('程序退出了。。。')
        break

    # 判断名字是否重复
    if username in name：
        print('用户名已存在，请重新输入')
        continue

    password = input('请输入密码：')
    dic['username'] = username
    dic['password'] = password
    print('您刚输入的用户名为：' + username，'密码为：' + password)
    name. append(username)
    uList. append(dic)
    print(uList)
```

2. 作业

分别创建两个集合，并判断两个集合是否满足超集关系、真子集关系。

第 5 章

Python 函数

5.1 函数简介

　　假如某天要去旅游，那么你需要带水杯、背包、衣服等。你高高兴兴地玩了一天。第二天还想去玩，又同样地操作。有人觉得这样不太好，每次出行都得把家里翻个底朝天才能找齐出门的行李。这个时候有个聪明的人说，你可以把行李都放在一个箱子里，每次想出行的时候直接带箱子就可以了。这个箱子的作用就类似于函数。函数把我们想要做的事情包装起来，想要做这件事的时候直接用函数就行了。

函数及参数

　　函数（Functions）是指可重复使用的程序片段。它们允许你为某个代码块赋予名字，允许你通过这一特殊的名字在你的程序的任何地方来运行这个代码块，并可重复任何次数。这就是所谓的函数调用（Calling）。前面几章我们已经使用过许多内置的函数，如 len() 和 range() 等。可以说函数是所有复杂的软件（无论使用的是何种编程语言）中最重要的构建块。

　　在 Python 中，函数可以通过关键字 def 来定义。这一关键字后跟一个函数的标识符名称；再跟一对圆括号，圆括号中可以包括一些变量的名称；最后以冒号结尾，结束这一行。随后的语句块是函数的一部分。

5.1.1 函数案例

1. 案例代码

本案例通过调用函数，实现多次输出分割线的功能。具体代码如下：

```
def splitline()： # 定义函数，作用为输出分割线，以备后续调用
    print('--------------------')
print('商品名称') # 输出文字，下同
splitline() # 调用函数，输出分割线，下同
print('商品价格')
splitline()
print('商品数量')
splitline()
```

2. 案例运行结果

案例程序运行结果如图5.1所示。大家可以看到，分割线输出了三次。

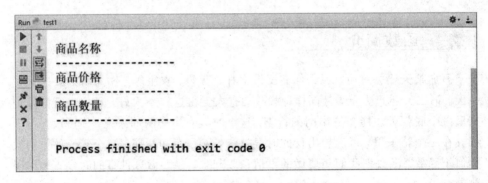

图5.1 函数案例运行结果

☆本节案例中涉及的知识点有：函数的概念、函数的基础语法、函数的调用及执行。

5.1.2 函数的概念

Python中函数的概念与其他语言中的类似，我们把可重复调用的，且可以实现某项功能的代码块称为函数。例如，某段逻辑代码长度为50行，需要在多个地方使用，如果我们在各个地方都重复编写这部分代码，就会比较麻烦，而且要修改这部分代码，将会更加困难，需要依次找出各个使用这部分代码的地方，逐一修改。此时我们可以将这段代码定义成一个函数，供程序反复调用。这样既解决了重复编写的问题，又解决了重复修改的问题，一举两得。

有些编程语言会将函数叫做方法，这两者本身并没有什么分别，是同样的概念，只是称呼不同而已。

5.1.3 函数的基础语法

定义函数的基本语法格式如下：

def 函数名([形参1，形参2，…，形参N])：

函数体

例如，splitline 函数的定义如下：

```
def splitline():
    print('------------------------------------------------')
```

其中，def 为关键字，表示要定义一个函数以便以后使用。函数名命名必须符合标识符命名规范（可以包含字母、数字、下划线，但不能以数字开头）。函数体需要缩进（通常为 4 个空格），相同缩进（对齐）的代码视为一组。若从某一行开始不再缩进，则表示函数定义结束，开始新的代码。

5.1.4 函数的调用及执行

函数中的代码不会立即执行，需要等待调用才会执行。调用方法如下：

函数名()

例如本节案例中的代码的具体执行顺序为：先输出"商品名称"，后执行函数功能；再输出"商品价格"，再次执行函数功能；最后输出"商品数量"，并再执行函数功能。总体来说，程序在执行到函数定义相关代码时，并不执行，只是将函数内容保存起来，待调用的时候才真正执行，调用几次便会执行几次。

5.1.5 提升训练及作业

1. 提升训练

（1）先定义一个函数，其功能为输出由 * 号组成的三行直角三角形。请在空白处填写适当的代码。

```
def drawstar():
    for i in range(_____):
        for j in range(_____):
            print('*', end='')
        print()

drawstar()
```

扫码做练习

参考代码：

```
def drawstar()：# 定义函数，使用双重 for 循环输出直角三角形，参数为输出行数
    for i in range(3)：# 变量 i 表示行数
        for j in range(i+1)：# 变量 j 表示每行几个 * 号
            print('*', end=") # 输出 * 号，行内 * 号输出完成不换行
        print() # 每一行输出完成后换行

drawstar() # 调用函数
```

（2）定义一个函数，其功能是从控制台录入两个数，之后输出这两个数的和。请编写函数完成要求。

参考代码：

```
def getsum()：
    a = int(input('请输入第一个数')) # 从控制台录入第一个值，并转化为数字
    b = int(input('请输入第二个数')) # 从控制台录入第二个值，并转化为数字
    print(a, '+', b, '=', a+b) # 使用 print 函数拼接字符串，输出结果

getsum() # 调用函数
```

2. 作业

编写一个函数，功能是从控制台录入三个数，输出其中最大的数。

5.2 函数的参数

通过 5.1 节的学习，我们可以理解为函数其实就是你的一位助理秘书。很多事情你不需要做，只需要告诉函数怎么做就行了。比如你想喝咖啡，你可以告诉函数："我要喝咖啡。"此时有可能函数直接就去买了个咖啡冲剂，但其实你想喝手磨咖啡。你对这个函数不满意，于是又换了一个更高级的函数，它可以满足你更多的需求，比如你想喝哪种类型的咖啡、加不加糖、加不加奶等。函数会根据你的指令去办你交待的事情。函数能接受的指令，我们在程序中称之为参数。

参数是具体的，也可以是模糊的，还可以是多个的。

5.2.1 参数案例

1. 案例代码

本案例的功能是完成对用户任意输入的两个数求其和的运算。具体代码如下：

```
def getsum(a, b)：
```

```
    print(a, '+', b, '=', a+b)# 定义函数，接收两个参数并计算和
getsum(1, 2) # 计算 1 和 2 的和
getsum(3, 4) # 计算 3 和 4 的和
getsum(1.2, 3.7) # 计算 1.2 和 3.7 的和
getsum(b＝4, a＝2) # 通过关键字传递，计算 2 和 4 的和
```

2. 案例运行结果

案例程序运行结果如图 5.2 所示。

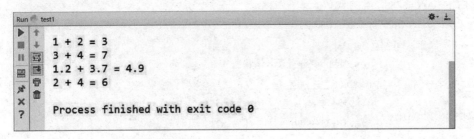

图 5.2　参数案例运行结果

☆本节案例中涉及的知识点有：参数的概念、形参/实参的含义、参数的传递。

5.2.2　参数的概念

参数是函数执行过程中对所执行功能的补充说明。根据执行功能的不同，函数可以有参数，也可以没有参数。比如计算两个数的和，就需要两个数作为参数，而打印分隔符就不需要参数。

5.2.3　形参、实参的含义

函数的参数一共有两种类型：一种是形参；一种是实参。在定义函数时，可以在函数名后的()中定义数量不等的形参，多个形参之间使用","隔开。

形参(形式参数)：定义形参就相当于在函数内部声明了变量，但是并不赋值。

实参(实际参数)：如果函数定义时指定了形参，那么在调用函数时也必须传递实参，实参将会赋值给对应的形参。一般来说，函数定义时有几个形参，调用时就得传几个实参。

5.2.4　参数的传递

案例代码中的"def getsum(a, b):"语句说明 getsum()函数调用时需要两个实参，那么在调用时括号里就需要传递两个实参(getsum(1, 2))。调用时 1 和 2

分别对应定义时的 a 和 b。也可以通过关键字改变参数的顺序，比如 getsum(b＝4，a＝2)，此时 a 对应 2，b 对应 4。前者称为顺序传递，后者称为关键字传递。

5.2.5 提升训练及作业

1. 提升训练

（1）定义一个方法，功能是输出 xxxx 年－xxxx 年之间所有的闰年。请在空白的位置填写适当的代码。

```
def findleapyear(x, y)：
    if _____：
        print('起止年份有误，请检查')
    for i in range(____, _____)：
        if (i ％ 4 ＝＝ 0 _____ i ％ 100 ！ ＝ 0) _____ i ％ 400 ＝＝ 0：
            print(i, end=' ')


findleapyear(1900，2000)
```

参考代码：

```
def findleapyear(x，y)：# 定义函数，接收两个参数为起止年份
    if y ＜＝ x：
        print('起止年份有误，请检查') # 若起始年份大于终止年份，提示年份出错
    for i in range(x，y＋1)：# 从起始年份到终止年份开始循环
        if (i ％ 4 ＝＝ 0 and i ％ 100 ！ ＝ 0) or i ％ 400 ＝＝ 0：# 判断闰年的条件

            print(i, end=' ')


findleapyear(1900，2000)# 调用函数，将 1900 年－2000 年之间的闰年输出
```

（2）定义一个方法，功能是根据参数绘制相应行数的直角三角形。请编写函数完成要求。

参考代码：

```
def drawstar(n)：# 定义函数，参数为需要输出的行数
    for i in range(n)：# 使用上一节中的逻辑，将 3 替换成 n 即可打印 n 行
        for j in range(i＋1)：
            print('＊', end='')
        print()


drawstar(10) # 调用函数，打印 10 行的直角三角形
```

扫码做练习

2. 作业

编写一个函数，功能是将任意列表升序排列。

5.3 形参默认值

你的函数秘书比较聪明，在上任前就打听好了你的喜好。比如你告诉它要喝咖啡，但没有告诉它要喝什么咖啡，它就知道你的喜好是手磨咖啡，于是直接给你做了手磨咖啡。这就相当于形参有默认值，当你没有给函数的某一个参数传递实参时，函数会自动使用默认值。

5.3.1 默认参数案例

1. 案例代码

本案例实现了求任意数字的任意次方的功能，若不指定几次方，则默认求平方。具体代码如下：

```
def powerofn(num, n＝2)：# 定义函数，第一个参数为要计算的数，第二个参数为
# 几次方，默认求平方
    result ＝ 1 # 求乘方本质为乘法运算，定义一个初始值开始运算
    for i in range(n)：
        result ＊＝ num # 求几次方便会乘几次，以此为基础写循环
    print(num, '的', n, '次方是', result)


powerofn(4，3) # 调用函数，求 4 的 3 次方
powerofn(3) # 调用函数，求 3 的平方
```

2. 案例运行结果

案例程序执行结果如图 5.3 所示。

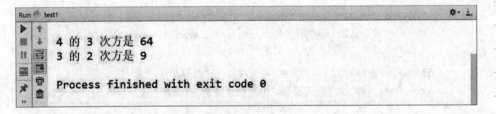

图 5.3　默认参数案例运行结果

☆本节案例中涉及的知识点有：形参默认值。

5.3.2 形参默认值的应用

定义形参时，可以为形参指定一个默认值。指定了默认值之后，如果用户传递了参数，则默认值没有任何用处；如果用户没有传递参数，则默认值生效。例如本节案例中，传两个参数 4 和 3，表示要求 4 的 3 次方，而如果只传了一个参数 3，则表示要求 3 的 2 次方，因为第二个参数的默认值是 2。

5.3.3 提升训练及作业

1. 提升训练

（1）定义一个方法，功能是将任意内容输出到控制台，若没有传递其他参数，则输出完成后不换行。请在空白位置填写适当的代码。

```
def myprint(content, _____):
    print(content, _____)
myprint(123)
myprint('abc')
```

参考代码：

```
def myprint(content, end=''):  # print 函数输出换行原因是存在默认参数 end，若
                               # end 为空字符串则不换行
    print(content, end=end)  # end 参数默认为空字符串，直接给 end 赋值为''，完
                             # 成输出完不换行的功能

myprint(123)  # 调用函数，输出 123 后不换行
myprint('abc')  # 调用函数，输出 abc 后不换行
```

（2）定义一个函数，功能是传入用户名、密码、性别完成注册，如果不传性别，则默认为"保密"。请编写函数完成该功能。

参考代码：

```
def regist(username, password, gender='保密'):  # 定义函数，性别默认为' 保密'
    print('注册成功,您的用户名:', username, ',密码:', password, ',性别:', gender)

regist('zhangsan', '123', '男')  # 调用函数，注册信息性别为' 男'
regist('lisi', '123')  # 调用函数，注册信息性别为' 保密'
```

2. 作业

定义一个函数，功能是从控制台录入数据，并存入本地变量，默认情况下存储为字符串，特意说明的情况下，可存储为数字。请编写函数完成该功能。

扫码做练习

5.4　不定长参数

你的函数秘书从来没有做过加糖的咖啡，有一天你告诉它咖啡要加糖，结果它一下子蒙了。它对你报错了，做不了这个咖啡。于是你换了个函数秘书，这个函数秘书可以随机应变，不管你告诉它加糖还是不加糖，它都可以做出咖啡来。这个函数拥有的技能就是不定长参数。定义函数时，如果无法确定所需参数个数，可使用不定长参数，即不论传递几个参数，函数都能接收，且不会报错。

5.4.1　不定长参数案例

1. 案例代码

本案例实现了传递任意个数的参数，都能计算出参数个数以及参数和的功能。具体代码如下：

```python
def getsum( * nums):  # 定义可变长参数，用于接收一组数字
    count = 0  # 定义初始值，用于累计计算和
    for i in nums:
        count += i  # 遍历可变长参数，将每个数都加进去
    print('这', len(nums), '个数的和为', count)

getsum(1, 2, 3)  # 调用函数，计算 1,2,3 的和
getsum(12, 22)  # 调用函数，计算 12,22 的和
getsum(1, 5, 77, 88)  # 调用函数，计算 1,5,77,88 的和
```

2. 案例运行结果

案例程序执行结果如图 5.4 所示。

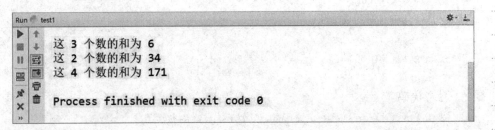

图 5.4　不定长参数案例运行结果

☆本节案例中涉及的知识点有：不定长参数的概念、不定长参数的使用、不定长参数的原理。

5.4.2 不定长参数的概念

所谓不定长参数，指参数的个数不确定。

定义函数时，如果无法确定所需参数个数，可使用不定长参数，即不论传递几个参数，函数都能接收。

5.4.3 不定长参数的使用

在定义形参时，在形参前加一个 * 号，此参数即为不定长参数，可接收任意数量的实参。

5.4.4 不定长参数的原理

在传递多个参数给不定长参数时，不定长参数会将所有参数保存到一个元组中，或者可以认为，不定长参数本身就是一个元组，可以接收多个参数。在定义不定长参数时，最好将之定义为最后一个参数，如果因为特殊原因无法定义在最后，则不定长参数后面的参数必须以关键字方式进行值传递。

5.4.5 提升训练及作业

1. 提升训练

（1）定义一个方法，功能是能计算任意数量同学的平均成绩。请在空白的位置填写适当的代码。

```
def avg(_____):
    count = _____
    for _____:
        count += i
    print('平均成绩为', _____)


avg(10, 20, 30)
avg(77, 88, 99, 66)
```

参考代码：

```
def avg( * scores): # 定义函数，类似于本节案例的功能
    count = 0
    for i in scores:
        count += i
    print('平均成绩为', count/len(scores))
```

扫码做练习

```
avg(10，20，30) # 调用函数，求 10,20,30 的平均值
avg(77，88，99，66) # 调用函数，求 77,88,99,66 的平均值
```

（2）定义一个函数，解决 print()函数多个参数输出时中间有空格的问题。

参考代码：

```
def myprint( * args)：
    for i in args：
        print(i, end='') # 给默认参数传值，使 print 函数默认值失效，输出完不再换行

myprint('总共有'，10，'个元素') # 调用函数，无缝输出' 总共有 10 个元素'
```

2. 作业

定义一个函数，功能是将任意个数的字符串追加到一个序列中，并输出这个序列。请编写函数完成该功能。

5.5　函数返回值

函数返回值

当你交待你的函数秘书一件事情后，你往往需要知道它做的如何，比如你要它做咖啡，函数秘书最后有没有做出咖啡，做出什么样的咖啡都需要告诉你，而告诉你的结果就是函数的返回值。

5.5.1　函数返回值案例

1. 案例代码

本案例实现了向函数索要运行结果，并且存储起来的功能。具体代码如下：

```
def square(n)：# 定义函数，求某个数的平方
    return n * n # 使用 return 关键字返回计算结果，return 表示函数执行完毕，
    # 后面代码不再执行

print('定义一个方法，功能是求一个数的平方，以下开始调用：')
print('5 的平方是：', square(5)) # 调用函数，并输出函数的返回值
a = square(25) # 调用函数，并将返回值存入变量 a
print('定义一个变量 a，值是 25 的平方，它的值是', a)
```

2. 案例运行结果

案例程序运行结果如图 5.5 所示。

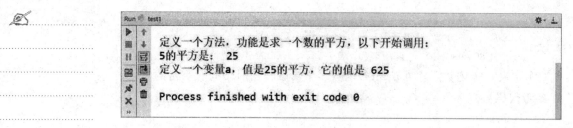

图 5.5 函数返回值案例运行结果

☆本节案例中涉及的知识点有：函数的返回值、返回值的用法、函数对象和调用函数。

5.5.2 函数的返回值

返回值(return)，简单来说就是函数执行以后得到的结果。部分函数需要返回值，比如计算某个结果，比如获取某个数据。前面几个例子介绍的函数均没有返回值，只是通过 print 函数将结果输出至控制台。这样做的缺陷就是，如果在后面的代码中需要用到函数的计算结果，这样是获取不到的，而想获取到，就必须使用返回值。

5.5.3 返回值的用法

返回值可以通过 return 来指定。当一个函数计算或处理完成之后，需要将处理结果返回时，可以使用 return。比如计算完毕之后结果存储在变量 a 中，可直接 return a。return 后面可以跟任意类型的结果，跟的是什么类型的值，函数的返回值就是什么类型的。如果单写一个 return 或者未写 return，则函数默认写的是 return None。当函数执行到 return 语句时，将停止执行，即函数内 return 后面的代码不会被执行。调用函数后，可以直接使用函数的返回值，也可以将返回值赋值给其他变量。简单来说，调用有返回值的函数，相当于直接写了该函数的返回结果。

5.5.4 函数对象和调用函数

定义一个函数，名叫 fn，执行 print(fn)和 print(fn())的结果是不同的，前者是在输出函数对象，后者是调用该函数并输出函数返回值。

5.5.5 提升训练及作业

1. 提升训练

(1)定义一个函数，功能是计算任意数量同学的平均成绩，函数需要有返回

扫码做练习

值。请在空白的位置填写适当的代码。

```
def avg(_____):
    count = _____
    for _____:
        count += i
    return _____

print(_____)
```

参考代码：

```
def avg(* scores):  # 定义函数，增加 return，使得函数有返回结果的能力
    count = 0
    for i in scores:
        count += i
    return count/len(scores)

print('平均值为', avg(88, 99, 77, 66))
```

（2）定义一个函数，功能是求三个数的最大值。请编写函数完成此功能。

参考代码：

```
def getmax(a, b, c):  # 定义函数，可接收三个参数
    if a > b and a > c:
        return a  # 如果其中一个数比其他两个数都大，则其最大，计算完毕，返回最大值
    elif b > a and b > c:
        return b
    else:
        return c
```

2. 作业

定义一个函数，功能是将任意个数的字符串追加至已知序列，并获取追加后的序列。编写函数完成此功能。

5.6 作用域

你着急想喝咖啡，你的函数秘书在给你做咖啡时，需要烧好水、磨好咖啡、找好杯子准备冲咖啡，结果这些东西被别人拿走去冲咖啡了，导致你喝不到咖啡。这种情况是不允许发生的，因此 Python 中有作用域的概念。每个变量都有自己的作用域，不能跨越作用域访问和使用变量。

5.6.1 作用域案例

1. 案例代码

本案例展示了全局变量、局部变量的作用域以及当全局变量和局部变量作用域重合时 Python 的处理方式。具体代码如下：

```
def demo()：# 定义函数，在函数内部定义三个局部变量 a,b,c,并赋值
    a = 10
    b = 20
    c = 30
    print(a+b+c) # 输出三个变量的和，局部变量 c 和全局变量 c 作用域重合，
    # 默认使用局部变量


c = 10 # 定义两个全局变量 c,d,并赋值
d = 20
print(a) # 此处在变量 a 的作用域之外，报错
print(b) # 此处在变量 b 的作用域之外，报错
```

2. 案例运行结果

程序编译之后如图 5.6 所示：我们发现有些变量出现了编译错误，而有些变量名下有警告。变量 a 和 b 由于是局部变量，print 函数无法访问；变量 c 由于作用域重叠，生效的是 30 而非 10。

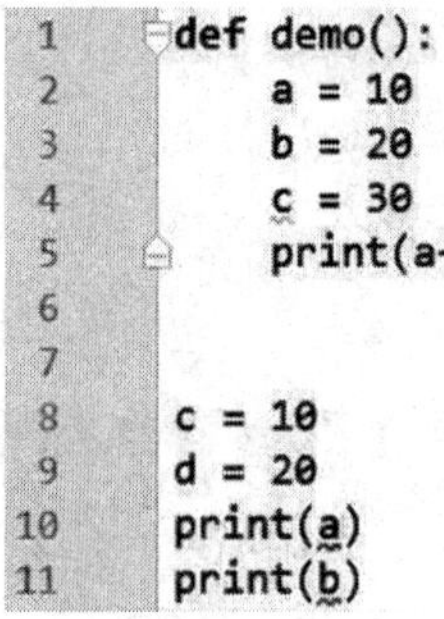

```
 1  def demo():
 2      a = 10
 3      b = 20
 4      c = 30
 5      print(a+b+c)
 6
 7
 8  c = 10
 9  d = 20
10  print(a)
11  print(b)
```

图 5.6　各种变量的作用域使用情况

☆本节案例中涉及的知识点有：全局作用域、函数作用域、变量的查找、全局变量的修改。

5.6.2 全局作用域

全局作用域在程序执行时创建，在程序执行结束时销毁。

所有函数以外的区域都是全局作用域。

在全局作用域中定义的变量,都属于全局变量,全局变量可以在程序的任意位置被访问。

5.6.3 函数作用域

函数作用域在函数调用时创建,在调用结束时销毁。

函数每调用一次就会产生一个新的函数作用域。

在函数作用域中定义的变量,都是局部变量,它只能在函数内部被访问。

5.6.4 变量的查找

当我们使用变量时,会优先在当前作用域中寻找该变量,如果有则使用;如果没有则继续去上一级作用域中寻找,如果有则使用;如果依然没有则继续去再上一级作用域中寻找,以此类推,直到找到全局作用域。如果依然没有找到,则会抛出异常 NameError:name 'a' is not defined。

5.6.5 全局变量的修改

如果希望在函数内部修改全局变量,则需要使用 global 关键字来声明变量。

声明在函数内部使用的变量 a 是全局变量,此时再去修改 a 时,就是在修改全局变量 a。代码示例如下:

```
a = 1

def fn():
    global a  # 声明全局变量
    a = 11  # 修改全局变量

print(a)  # 1
fn()
print(a)  # 11
```

5.6.6 命名空间

命名空间(namespace)指的是变量存储的位置。每一个变量都需要存储到指定的命名空间当中。

每一个作用域都会有一个与它对应的命名空间。

全局命名空间用来保存全局变量,函数命名空间用来保存函数中的变量。

命名空间实际上就是一个字典,是一个专门用来存储变量的字典。

locals()函数用来获取当前作用域的命名空间。如果在全局作用域中调用 locals()函数，则获取全局命名空间，如果在函数作用域中调用 locals()函数，则获取函数命名空间，返回的是一个字典。

(1) 通过命名空间创建变量，代码示例如下：

```
#向字典中添加 key-value 就相当于创建了一个全局变量（一般不建议这么做）
scope['c'] = 1000
print(c)
```

(2) 在函数空间获取全局命名空间，代码示例如下：

```
def fn():
    # globals() 函数可以用来在任意位置获取全局命名空间
global_scope = globals()
print(global_scope)
```

5.6.7 提升训练及作业

1. 提升训练

说出以下代码的输出结果，并说明原因。

```
a =10

def fn(a):
    print(a)

fn(20)
```

参考答案：

输出结果为 20。在函数 fn()中调用变量 a，变量 a 在程序中有两个，一个是全局变量，一个是函数参数，函数参数作用域与函数中定义的变量相同。

2. 作业

运行以下代码，结果会如何？为什么？

```
a =10

def fn(a):
    global a
    print(a)

fn(20)
```

扫码做练习

5.7　递归

在函数内部，可以调用其他函数。如果一个函数在内部调用本身，则这个函数就是递归函数。递归函数可以帮我们实现一些循环问题。

5.7.1　递归案例

1. 案例代码

本案例展示了使用递归函数的方式计算某个数的阶乘。具体代码如下：

```python
def factorial(n):  # 定义函数，求 n 的阶乘
    if n == 1:
        return 1  # 如果求 1 的阶乘，则结果为 1
    else:
        return n * factorial(n-1)  # 如果求 n 的阶乘，则结果为 n 乘以 n-1 的阶乘

print('6 的阶乘是：', factorial(6))  # 调用函数求 6 的阶乘
print('4 的阶乘是：', factorial(4))  # 调用函数求 4 的阶乘
```

2. 案例运行结果

案例程序运行结果如图 5.7 所示。

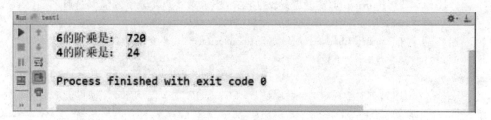

```
6的阶乘是：  720
4的阶乘是：  24

Process finished with exit code 0
```

图 5.7　递归案例运行结果

☆本节案例中涉及的知识点有：函数递归。

5.7.2　函数递归

递归，就是在定义函数或方法时，调用函数或方法本身。递归是解决问题的一种方式，它和循环很像。递归的整体思想是，将一个大问题分解为一个个的小问题，直到问题无法分解时，再去解决问题。理论上来讲，所有递归都可以用循环解决，但用循环解决时较为复杂。

递归需要两个条件：基线条件和递归条件。

扫码做练习

5.7.3 提升训练及作业

1. 提升训练

(1) 斐波那契数列为 1 1 2 3 5 8 13……下面函数用于求斐波那契数列的第 n 个值。请在空白位置填写适当代码以完成功能。

```
def fibonacci(n):
    if _____:
        return 1
    if _____:
        return 1
    else:
        return _____

print('斐波那契数列第 7 个数字是：', fibonacci(7))
```

参考代码：

```
def fibonacci(n):  # 定义函数，求斐波那契数列第 n 个数
    if n == 1:
        return 1
    if n == 2:
        return 1  # 斐波那契数列第 1 个数和第 2 个数均为 1，直接返回
    else:
        return fibonacci(n-1) + fibonacci(n-2)  # 第 n 个数为第 n-1 个数+第
                                                 # n-2 个数

print('斐波那契数列第 7 个数字是：', fibonacci(7))  # 调用函数，求斐波那契数列
                                                    # 的第 7 个数
```

(2) 假设银行年利率为 2%，本金为 10 000，要求计算 n 年后的本息和。编写函数完成此功能。

参考代码：

```
def totalmoney(n):  # 定义函数，求第 n 年的本息和
    if n == 1:
        return 10000 * (1+0.02)  # 如果是第一年，则本息和为 10000 * (1+
                                 # 0.02)，直接返回
    return totalmoney(n-1) + totalmoney(n-1) * 0.02  # 第 n 年的本息和为第
                                                     # n-1 年的本息和+第 n 年的利息

print(totalmoney(5))  # 调用函数，求第 5 年的本息和
```

2. 作业

编写函数,功能是计算同一平面内 n 条直线最多几个交点。

5.8　高阶函数

5.8.1　高阶函数案例

1. 案例代码

本案例展示了将 abs 函数当参数传入自定义函数,计算两个数绝对值之和的功能。具体代码如下:

高阶函数

```
def getsum(x, y, fn): # 定义函数,参数有3个,其中第三个用来接收函数
    return fn(x) + fn(y) # 返回结果,返回值为两次调用fn函数后的值的和


# 调用函数,传入求绝对值函数,计算绝对值的和
print('-1 和 3 取绝对值后的和是: ', getsum(-1, 3, abs))
# 调用函数,传入求四舍五入的函数round,计算两个数四舍五入后的和
print('2.7 和 4.4 四舍五入到整数位之后的和是: ', getsum(2.7, 4.4, round))
```

2. 案例运行结果

案例程序运行结果如图 5.8 所示。

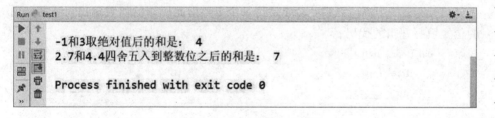

```
Run  test1
  -1和3取绝对值后的和是:  4
  2.7和4.4四舍五入到整数位之后的和是:  7

  Process finished with exit code 0
```

图 5.8　高阶函数案例运行结果

☆本节案例中涉及的知识点有:高阶函数、高阶函数的用法、abs()函数和 round()函数。

5.8.2　高阶函数的定义

所谓高阶函数,就是将另一函数作为参数的函数,或将函数作为返回值的函数。当我们使用一个函数作为参数时,实际上是将指定的代码传递进了目标函数。

高阶函数至少要符合以下两个特点中的一个：

（1）接收一个或多个函数作为参数。

（2）将函数作为返回值返回。

5.8.3　高阶函数的用法

定义函数时，留一个参数作为函数参数，即可在函数定义里直接使用该函数。调用高阶函数时，该参数的位置传递所需函数的名字（函数对象）即可。

5.8.4　abs()函数

abs()函数是 Python 自带的函数，用于求出某数字的绝对值，如 abs(−1)，结果为 1。

5.8.5　round()函数

round()函数是 Python 自带的函数，用于将数值进行四舍五入。round()函数可传两个参数，第一个为需要四舍五入的数，第二个为需要精确到小数点后面的位数，如果第二个参数不传，则默认精确为整数。

5.8.6　提升训练及作业

1. 提升训练

（1）定义一个高阶函数，功能是将一个 list 里面所有的偶数输出。请在空白的位置填写适当的代码。

```
def findeven(list1):
    l1 = []
    for _____:
        if i % 2 == 0:
            _____
    return l1


def printeven(list1, fn):
    l1 = _____
    print(l1)


l0 = [1, 2, 3, 4, 5]
printeven(l0, _____)
```

扫码做练习

参考代码：

```
def findeven(list1)： # 定义函数，参数为序列，将序列中的偶数项取出并放置到另
                     # 一个序列后返回
    l1 = []
    for i in list1：
        if i % 2 == 0：
            l1. append(i)
    return l1

def printeven(list1, fn)： # 定义函数，参数为序列和某函数，调用参数函数对序列
                          # 进行处理
    l1 = fn(l0)
    print(l1)

l0 = [1, 2, 3, 4, 5]
printeven(l0, findeven) # 调用函数，将 l0 中的偶数项输出
```

（2）定义一个函数，功能是计算两个数的阶乘的和。请编写函数完成此功能。

参考代码：

```
def factorial(n)： # 定义函数，使用递归求 n 的阶乘
    if n == 1：
        return 1
    else：
        return n * factorial(n-1)

def getsum(a, b, fn)： # 定义高阶函数，能接收上述函数作为参数，计算两个数阶乘的和

    return fn(a) + fn(b)

print(getsum(3, 4, factorial)) # 调用函数，计算 3 阶乘和 4 阶乘的和
```

2. 作业

利用 map() 函数，把用户输入的不规范的英文名字变为首字母大写，其他字母小写的规范名字。例如输入：['admin', 'JACK', 'banB']，则输出：['Admin', 'Jack', 'Banb']。请编写一个高阶函数完成此功能。

5.9 闭包

你想喝手磨咖啡，于是你让你的函数秘书去给你做一杯，结果你的函数秘书太忙顾不上，于是它给你找了一个会做手磨咖啡的人（函数）。

5.9.1 闭包案例

1. 案例代码

本案例展示了函数返回值是函数的情况。具体代码如下：

```
def make_averager()：
    nums = []

    def averager(n)：# 在函数内部定义函数，最终返回函数，好处是能多次使用变量 nums
        nums. append(n)
        return sum(nums)/len(nums)

    return averager # 将函数作为返回值返回

avg = make_averager() # 执行函数，用变量 avg 接收函数的返回值，以便后续使用

print('添加一个成绩，平均成绩为：', avg(10)) # 先往 nums 中添加一个 10，计算平均值
print('添加一个成绩，平均成绩为：', avg(20)) # 往 nums 中添加 20，再次计算平均值
print('添加一个成绩，平均成绩为：', avg(30)) # 往 nums 中添加 30，再次计算平均值
```

2. 案例运行结果

案例程序运行结果如图 5.9 所示。

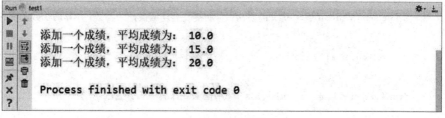

图 5.9 闭包案例运行结果

☆本节案例中涉及的知识点有：闭包、装饰器。

5.9.2 闭包的条件

将函数作为返回值返回，也是一种高阶函数。这种高阶函数我们也称为闭

包。通过闭包可以创建一些只有当前函数能访问的变量。

形成闭包的条件：

（1）函数嵌套。

（2）将内部函数作为返回值返回。

（3）内部函数必须要使用到外部函数的变量。

这三个条件必须同时满足，缺一不可。

5.9.3 装饰器

1. 定义

装饰器本质上是一个 Python 函数，它可以让其他函数在不需要做任何代码变动的前提下增加额外功能，装饰器的返回值也是一个函数对象。它经常用于有切面需求的场景，比如：插入日志、性能测试、事务处理、缓存、权限校验等场景。装饰器是解决这类问题的绝佳设计，有了装饰器，我们就可以抽离出大量与函数功能本身无关的雷同代码并继续重用。

2. 作用

装饰器的作用就是为已经存在的函数或对象添加额外的功能。

3. 使用装饰器的问题

我们可以直接通过修改函数中的代码来完成这个需求，但是会产生以下一些问题：

（1）如果要修改的函数过多，修改起来会比较麻烦。

（2）不方便后期的维护。

（3）这样做会违反开闭原则（OCP）。

（4）程序的设计，要求开放对程序的扩展，要关闭对程序的修改。

4. 定义装饰器

定义装饰器需要用到 def 关键字，示例如下：

```
def begin_end(old):
    '''
    用来对其他函数进行扩展，使其他函数可以在执行前输出开始执行，执行后输出
    执行结束
    参数：
    old 要扩展的函数对象
    '''
    # 创建一个新函数
```

```python
def new_function( * args , * * kwargs)：
    print('开始执行～～～～')
    # 调用被扩展的函数
    result = old( * args , * * kwargs)
    print('执行结束～～～～')
    # 返回函数的执行结果
    return result

    # 返回新函数
return new_function
```

5. 调用装饰器

方式一：直接调用。代码示例如下：

```python
f = begin_end(fn)
r = f()
print(r)
```

方式二：@调用。

通过@装饰器，可以使用指定的装饰器来装饰当前的函数。可以同时为一个函数指定多个装饰器，这样函数将会按从内向外的顺序被装饰。代码示例如下：

```python
@begin_end
def say_hello()：
    print('大家好～～～')

say_hello()
```

5.9.4 提升训练及作业

1. 提升训练

下面代码的功能是用闭包封装一个列表，可以往里添加用户名，但必须大于6位。在空白的位置填写适当的代码以完成此功能。

```python
def adduser()：
    list1 = []

    def inp()：
        username = _____
        if len(username) > 6：

            _____
```

扫码做练习

```
        else：
            print('input error')
        print('已添加用户：', _____)
    return inp


a = _____
a()
a()
```

参考代码：

```
def adduser()：
    list1 = []

    def inp()： # 在函数中定义函数，并返回函数，好处是外部可以访问函数内的变量
        username = input('请输入用户名')
        if len(username) > 6：
            list1. append(username)
        else：
            print('input error') # 从控制台输入用户名，符合要求便加入序列，不
                                 # 符合要求不加入
        print('已添加用户：', list1) # 输出已添加的用户名列表
    return inp


a = adduser() # 用变量 a 接收函数
a() # 调用函数，录入一次用户名
a() # 调用函数，录入一次用户名
```

2. 作业

使用闭包制作一个计数器，功能是记录函数调用的次数。编写函数完成此功能。

面向对象编程

第 6 章

面向对象编程

6.1 类和对象

类和对象是两种以计算机为载体的计算机语言的合称。对象是对客观事物的抽象，类是对于对象的抽象。类是一种抽象的数据类型。

类和对象的关系是，类是对象的抽象，而对象是类的具体实例。类是抽象的，不占用内存，而对象是具体的，占用存储空间。类是用于创建对象的蓝图，它是一个定义在特定类型对象中的变量和方法的模板。

简单地说，如果想造一支98K，那么需要一个设计图纸。这个设计图纸就相当于一个类，造出来的枪就相当于对象。

6.1.1 实例化类案例

1. 案例代码

定义一个枪（Gun）类，制造两把枪：一把枪的颜色是红色，枪口类型是消音器；另一把枪的颜色是绿色，枪口类型是补偿器。具体代码如下：

```
# 定义枪类
class Gun：
    # 定义基本属性
    color = "    # 颜色
```

```
        muzzle = ''   # 枪口类型

    def speak(self):
        print("我有%s,我的颜色是%s" % (self.muzzle, self.color))


# 实例化类
# 第一把枪
gun1 = Gun()
gun1.muzzle = '消音器'
gun1.color = '红色'
gun1.speak()
# 第二把枪
gun2 = Gun()
gun2.muzzle = '补偿器'
gun2.color = '绿色'
gun2.speak()
```

2. 案例运行结果

案例程序定义了一个枪类,定义枪口类型和枪的颜色,然后创建两个对象 gun1 和 gun2,并且分别给这两个对象赋值。通过调用 speak()方法,在控制台输出两个对象的信息。运行结果如图 6.1 所示。

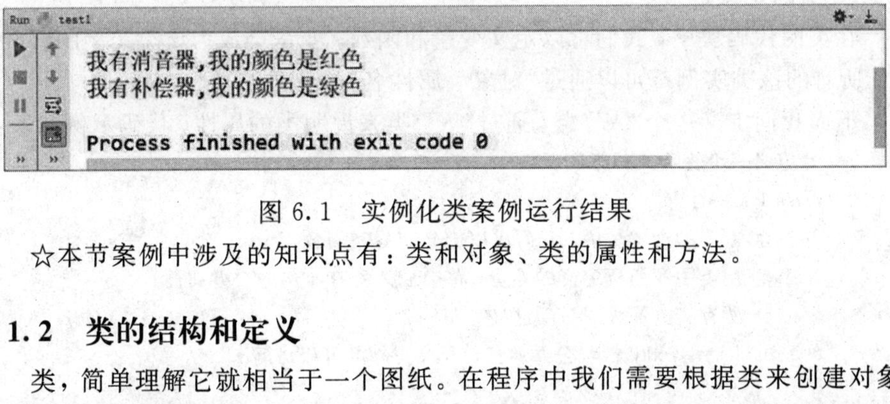

图 6.1　实例化类案例运行结果

☆本节案例中涉及的知识点有:类和对象、类的属性和方法。

6.1.2　类的结构和定义

类,简单理解它就相当于一个图纸。在程序中我们需要根据类来创建对象。类也是一个对象! 类就是一个用来创建对象的对象,类是 type 类型的对象,定义类实际上就是创建了一个 type 类型的对象。

我们也称对象是类的实例(Instance),如果多个对象是通过一个类创建的,我们称这些对象是一类对象。

自定义的类都需要使用大写字母开头,使用驼峰命名法来对类命名。例如,

StudentName 代表学生名字。

1. 类的基本结构

类的语法如下：

```
class 类名([父类])：

        公共属性…
        #对象的初始化方法
        def __init__(self,…)：
                ⋮


        #其他的方法
        def method_1(self,…)：
                ⋮


        def method_2(self,…)：
```

对象的创建流程是：首先定义一个变量，然后在内存中创建一个新对象，接着执行类中的特殊方法，最后将对象的 id 赋值给变量。

类和对象都是对现实生活中的事物或程序中的内容的抽象。实际上所有的事物都由两部分构成：数据（属性）、行为（方法）。

2. 类的定义

在类的代码块中，我们可以定义变量和函数，变量会成为该类实例的公共属性，所有的该类实例都可以通过"对象 . 属性名"的形式访问。

下面我们定义一个"人"类，通过"人"类来说明类的属性。代码示例如下：

```
#定义一个表示人的类
class Person：
    # 在类的代码块中，我们可以定义变量和函数
    # 在类中我们所定义的变量，将会成为所有实例的公共属性
    # 所有实例都可以访问这些变量
    name = 'wxkj'   # 公共属性，所有实例都可以访问

    # 在类中也可以定义函数，类中定义的函数，我们称为方法
    # 这些方法可以通过该类的所有实例来访问

    def say_hello(self)：
        # 方法每次被调用时，解析器都会自动传递第一个实参
```

第一个参数，就是调用方法的对象本身，一般我们都会将这个参数命名为 self

say_hello()这个方法可以显示如下格式的数据：

你好！我是 xxx

在方法中不能直接访问类中的属性

print('你好！我是 %s' % self. name)

　　函数称为该类实例的公共方法，所有该类实例都可以通过"对象 . 方法名()"的形式调用方法。方法调用时，第一个参数由解析器自动传递，所以定义方法时，至少要定义一个形参！默认第一个参数为 self。

6.1.3　类的属性和方法

1. 浅谈类的属性和方法

类中定义的属性和方法都是公共的，任何该类实例都可以访问。

1）属性和方法查找的流程

当我们调用一个对象的属性时，解析器会先在当前对象中寻找是否含有该属性，如果有，则直接返回当前对象的属性值；如果没有，则去当前对象的类对象中寻找，如果有则返回类对象的属性值；如果类对象中依然没有，则报错！

2）类对象和实例对象中都可以保存属性（方法）

如果这个属性（方法）是所有的实例共享的，则应该将其保存在类对象中；如果这个属性（方法）是某个实例独有的，则应该保存在实例对象中。

一般情况下，属性保存在实例对象中，而方法需要保存在类对象中。

2. 类的特殊方法

在类中可以定义一些特殊方法，也称为魔术方法。特殊方法都是以__（双下划线）开头、__（双下划线）结尾的方法。这些特殊方法不需要我们自己调用，它会在特殊的时刻自动调用。

在创建对象时，可以利用类的特殊方法给不同对象的 name 赋值，代码示例如下：

```
class Person ：
    # init 会在对象创建以后立刻执行
    # init 可以用来初始化新创建的对象中的属性
    # 调用类创建对象时，所有参数都会依次传递到 init()中
    def __init__(self,name)：
        # print(self)
```

✎

```
        # 通过 self 初始化新建对象的属性
        self.name = name

    def say_hello(self):
        print('大家好，我是%s'%self.name)


# 创建一个对象，并给 name 赋值为'孙悟空'
p1 = Person('孙悟空')
print(p1.name)
# 调用 say_hello 方法
p1.say_hello()
```

示例程序运行结果如图 6.2 所示。

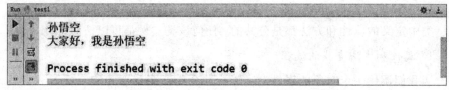

图 6.2　类的特殊方法示例程序运行结果

6.1.4　提升训练及作业

1. 提升训练

（1）创建两个"人"类的对象，输出相关信息。第一个输出：

姓名：admin1，密码：111111

第二个输出：

姓名：admin2，密码：222222

请在空白处填写适当的代码。

```
class People :
    name = ''
    password = ''

    def _____(self , name , password):
        self.name = _____
        self.password = _____

    def speak(self):
        print('姓名：', _____, ',密码：', _____)
```

扫码做练习

```
# 实例化对象
p1 = People('admin1' , '111111')
p1. speak()
p2 = People('admin2' , '222222')
p2. speak()
```

参考代码：

```
class People ：
    name = ''
    password = ''

    def __init__(self , name , password)：
        self. name = name
        self. password = password

    def speak(self) ：
        print('姓名：' , self. name , ',密码：' , self. password)

# 实例化对象
p1 = People('admin1' , '111111')
p1. speak()
p2 = People('admin2' , '222222')
p2. speak()
```

（2）创建一个狗狗类，可以给狗狗定义毛色、爱好（爱吃的食物）、名字、年龄，定义两个方法，分别是吃饭和跑。执行吃饭方法，输出"我的名字是××，我今年××岁了，我最爱吃的是××"；执行跑的方法，输出"我的名字是××，我今年××岁了，我跑起来××的毛色特别好看"。

参考代码：

```
class Dog：
    # 定义属性
    color = ''    # 毛色
    name = ''     # 名字
    age = 0       # 年龄
    food = ''     # 喜欢的食物

    # 定义吃的方法
```

```
        def eat(self):
            print('我的名字是%s，我今年%d岁了，我最爱吃的是%s'
                % (self.name, self.age，self.food))


        # 定义跑的方法
        def run(self):
            print('我的名字是%s，我今年%d岁了，我跑起来%s的毛色特别好看'
                % (self.name, self.age，self.color))


    dog = Dog()
    dog.age = 10
    dog.name = '花花'
    dog.color = '白白'
    dog.food = '大骨头'
    dog.eat()
    dog.run()
```

2. 作业

某公司要开发"天天灌水论坛"，请使用面向对象的思想，设计注册用户信息。

参考分析思路：

用户类：User

属性：用户昵称、密码、性别、年龄、注册时间、等级

方法：个人信息展示

执行效果：

大家好！我是 Lucy，今年 21 岁

我是 2011-01-08 注册的，目前的等级是：无敌小菜鸟

=================================

大家好！我是 Mary，今年 28 岁

我是 2019-01-28 注册的，目前的等级是：超级智多星

6.2 封装

在面向对象编程中，封装（Encapsulation）是指将对象运行所需的资源封装在程序对象中。所需的资源基本上是指方法和数据。对象是"公布其接口"。其他附加到这些接口上的对象不需要关心对象实现的方法即可使用这个对象。这个

概念就是"不要告诉我你是怎么做的,只要做就可以了"。

使用封装这一思想,可以确保对象中数据的安全。

6.2.1 封装案例

1. 案例代码

创建 People 类,定义名字、年龄、体重三个属性,定义 init()方法,定义公共的 speak()方法。为了避免对象直接修改体重值,将体重进行封装。具体代码如下:

```python
class People:
    # 定义基本属性
    name = ''
    age = 0
    # 定义私有属性,私有属性在类外部无法直接进行访问
    __weight = 0

    # 利用公共方法调用私有属性
    def get_weight(self):
        return self.__weight

    def set_weight(self, w):
        self.__weight = w

    # 定义构造方法
    def __init__(self, n, a, w):
        self.name = n
        self.age = a
        self.__weight = w

    def speak(self):
        print("%s 说:我 %d 岁,我现在 %d 公斤" % (self.name, self.age, self.__weight))

# 实例化类
p1 = People('Tom', 10, 30)
p1.speak()
p2 = People('小明', 18, 30)
p2.speak()
```

2. 案例运行结果

案例程序运行结果如图 6.3 所示。输出结果和之前类似，但是通过封装的实现，提高了属性的安全。

Tom 说：我 10 岁,我现在 30 公斤
小明 说：我 18 岁,我现在 30 公斤

Process finished with exit code 0

图 6.3　封装案例运行结果

☆本节案例中涉及的知识点有：封装、类的属性、getter 和 setter 方法、self 参数、property 装饰器。

6.2.2　封装的定义

封装指的是隐藏对象中一些不希望被外部所访问到的属性或方法。

封装隐藏对象中的属性的方法有：

（1）将对象的属性名修改为一个外部不知道的名字，如：hidden_name。

（2）将对象的属性名修改为以双下划线开头，如：__name。

（3）将对象的属性名修改为以下划线开头，如：_name。

6.2.3　类的私有属性

类有两种属性：公共属性和私有属性。

公共属性就是平时写的属性，如 name、age 等，可以通过"对象 . 属性名"直接调用，进行赋值和取值。

为了提高类的安全性，Python 提供了私有属性（不希望被外部访问的属性）以_开头。该属性只能在类中调用，如__weight。一般情况下，使用__开头的属性都是私有属性，没有特殊需要尽量不要修改私有属性。

6.2.4　getter 和 setter 方法

因为对象中的一些属性被隐藏，所以提供了 getter 和 setter 方法，用于在外部访问被隐藏属性。getter 方法用来获取对象中的指定属性（get_属性名），setter 方法用来设置对象的指定属性（set_属性名）。使用封装，确实增加了类的定义的复杂程度，但是它也确保了数据的安全性。

隐藏了属性名之后，将使调用者无法随意地修改对象中的属性。getter 和

setter 方法可以很好地控制属性是否是只读的。如果希望属性是只读的，则可以直接去掉 setter 方法；如果希望属性不能被外部访问，则可以直接去掉 getter 方法。

可以在读取属性和修改属性的同时做一些其他的处理。例如，使用 setter 方法设置属性时，可以增加数据的验证，确保数据的值是正确的；可以使用 getter 方法表示一些计算的属性。

创建 Dog 类，修改和获取 name 属性。本示例采用第三种方式隐藏对象的属性，代码示例如下：

```python
class Dog:
    _name = ''

    def __init__(self, name):
        self._name = name

    def get_name(self):
        return self._name

    def set_name(self, name):
        self._name = name

# 创建对象
d = Dog('旺财')
# 调用 getter 方法获取 name 属性的值
print(f'大家好，我是 {d.get_name()}')
# 调用 setter 方法修改 name 属性的值,可在修改时增加条件判断
d.set_name('小黑')
```

需要注意的是，如果没有特殊需求，尽量不要更改类中的私有属性。

6.2.5　self 参数

首先要明确的是，self 只在类的方法中使用，独立的函数或方法是不必带 self 的。self 在定义类的方法时是必须有的，虽然在调用时不必传入相应的参数。

self 名称不是必须的，在 Python 中，self 不是关键词。可以定义成 a 或 b，或其他名字。代码示例如下：

```python
classPerson:
    name = 'kitty'

    def speak(b):
```

✍

```
                              print('My name is:', b. name)

                    p = Person()
                    p. speak()
```

为什么能这样呢？因为 Python 默认把对象本身传给了方法的第一个参数，所以 b 代表的是 p 这个对象，不过一般不建议这么做。self 是大家约定俗成的名字，使用它，可以增强代码可读性！

6.2.6 property 装饰器

property 装饰器用来将一个 getter 方法和 setter 方法转换为对象的属性。

1. 设置 getter 方法

添加为 property 装饰器以后，我们就可以像调用属性一样使用 getter 方法了。使用 property 装饰的方法，其必须和属性名是一样的。代码示例如下：

```
class Person:
    def __init__(self, name):
        self. _name = name


    # 属性名必须一样
    @property
    def name(self):
        return self. _name
```

2. 设置 setter 方法

setter 方法的装饰器：@属性名 . setter。如果只设置 setter 方法，不设置 getter 方法，会报错。代码示例如下：

```
class Person:
    def __init__(self, name):
        self. _name = name


    # 属性名必须一样
    @property
    def name(self):
        return self. _name


    # @属性名 . setter
    @name. setter
```

```
    def name(self, name):
        self._name = name
```

6.2.7 提升训练及作业

1. 提升训练

（1）类的属性和方法分为_____和_____两种，_____的属性或者方法可以直接通过对象直接调用，_____的属性需要通过_____方法进行赋值，需要通过_____方法获取值。

参考答案：

　　公有　　私有　　公有　　私有　　set(setter)　　get(getter)

（2）创建一个学生类，可以给学生定义名字、爱听的音乐、年龄。年龄定义成私有属性，通过 getter 方法获取值，通过 setter 方法赋值，在赋值时要进行判断，小于 0 岁或者大于 120 岁默认赋值成 18 岁。定义两个方法，分别是学习和娱乐。执行学习方法，输出"我的名字是××，我今年××岁了，我在学习Python"；执行娱乐方法，输出"我的名字是××，我今年××岁了，我最喜欢的音乐是××"。

参考代码：

```
class Student:
    name = ''
    music = ''
    _age = ''

    def __init__(self, name, age, music):
        self.name = name
        self.set_age(age)    #执行 setter 方法进行赋值
        self.music = music

    def get_age(self):
        return self._age

    def set_age(self, age):
        if age > 0 & age < 120:
            self._age = age
        else:
            self._age = 18
```

扫码做练习

```
        def study(self):
            print('我的名字是 %s，我今年%d 岁了，我在学习 Python' % (self. name,
            self. _age))

        def play(self):
            print('我的名字是 %s，我今年%d 岁了，我最喜欢的音乐是%s'
                    % (self. name, self. _age, self. music))

    stu = Student('小明', 0, '好汉歌')
    stu. study()
    stu. play()
```

2. 作业

创建一个枪类，可以给枪定义颜色、瞄准镜倍数、弹夹类型、枪口类型。定义两个方法，分别是开枪和换弹。执行开枪方法，输出"在我××(*瞄准镜倍数*)倍镜的瞄准下，加上××(*枪口类型*)的作用下，一枪爆头不是问题"；执行换弹方法，输出"没子弹了，还好我有××(*弹夹类型*)。咦，我的枪怎么是××(*颜色*)色的。"。

6.3 继承

继承(Inheritance)是面向对象软件技术当中的一个概念。如果一个类别 A "继承自"另一个类别 B，就把这个 A 称为"B 的子类别"，而把 B 称为"A 的父类别"，也可以称"B 是 A 的超类"。继承可以使得子类别具有父类别的各种属性和方法，而不需要再次编写相同的代码。在令子类别继承父类别的同时，可以重新定义某些属性，并重写某些方法，即覆盖父类别的原有属性和方法，使其获得与父类别不同的功能。另外，为子类别追加新的属性和方法也是常见的做法。一般静态的面向对象编程语言中，继承属于静态的，意即子类别的行为在编译期就已经确定，无法在执行期扩充。

6.3.1 继承案例

1. 案例代码

创建一个动物类作为父类，动物类有一个 run()方法。创建一个狗类继承动物类，再写一个 run()方法，观察输出结果。具体代码如下：

```
# 创建一个父类(动物类)
class Animal：
    def run(self)：
        print('动物会跑～～～')


# 创建一个狗类(动物类的子类)
class Dog(Animal)：
    # 子类特有的方法
    def bark(self)：
        print('汪汪汪～～～')


    # 子类重写父类的方法
    def run(self)：
        print('狗跑～～～～')


d = Dog()
d.run()
```

2. 案例运行结果

案例程序中，子类和父类同时都有 run()方法，子类继承父类之后，执行的 run()方法是子类的方法。运行结果如图 6.4 所示。

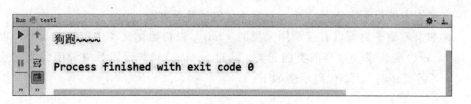

图 6.4　继承案例运行结果

☆本节案例中涉及的知识点有：继承、方法重写、super()函数、多重继承。

6.3.2　继承简介

继承是面向对象的三大特性之一。

继承是指这样一种能力：可以使用现有类的所有功能，并在无需重新编写原来的类的情况下对这些功能进行扩展。

通过继承创建的新类称为"子类"或"派生类"，被继承的类称为"基类""父类"或"超类"。继承的过程，就是从一般到特殊的过程。在某些 OOP(面向对象编程)语言中，一个子类可以继承多个父类。但是一般情况下，一个子类只能有一个父类，要继承多个父类，可以通过多重继承来实现。

通过继承可以直接让子类获取到父类的方法或属性，避免编写重复性的代码，所以我们经常需要通过继承来对一个类进行扩展。

类继承的表现方式是在子类后的括号中直接写父类的类名称。例如本节案例中 Dog 类继承了 Animal 类。

6.3.3　方法重写

如果在子类中有和父类同名的方法，则通过子类实例调用该方法时，会调用子类的方法而不是父类的方法，这个特点我们叫做方法的重写（override），或称为方法覆盖。

在本节案例中，我们创建了一个动物类（父类），然后通过继承的方式，获得了父类中的方法和属性，如果父类中的方法写得不够详细，或者说父类的方法满足不了我们的项目需求，那么我们可以重写父类的方法来满足需求。

当我们调用子类对象的方法时，会优先去当前对象中寻找是否具有该方法，如果有则直接调用；如果没有，则去当前对象的父类中寻找，如果父类中有则直接调用父类中的方法；如果没有，则去父类的父类中寻找，以此类推，直到找到该方法。如果依然没有找到，则报错。

6.3.4　super() 函数

父类中的所有方法都会被子类继承，包括特殊方法。

如果希望子类可以直接调用父类的 __init__ 来初始化父类中定义的属性，可用 super() 函数来获取当前类的父类。通过 super() 函数返回对象调用父类方法时，不需要传递 self。代码示例如下：

```python
# 定义父类
class Animal：
    def __init__(self, name)：
        self._name = name


# 定义子类
class Dog(Animal)：
    def __init__(self, name, age)：
        # 希望可以直接调用父类的 __init__ 来初始化父类中定义的属性
        super().__init__(name)
        self._age = age
```

```
# 定义子类的方法
def run(self):
    print('狗跑～～～～')

@property
def age(self):
    return self._age

@age.setter
def age(self, age):
    self._age = age

@property
def name(self):
    return self._name

@name.setter
def name(self, name):
    self._name = name

# 创建子类对象
d = Dog('旺财', 18)
# 打印输出
print('我的名字是:', d.name, '我的年龄是:', d.age)
```

6.3.5 多重继承

Python 是支持多重继承的，也就是我们可以为一个类同时指定多个父类，可以在类名后的（）里面添加多个类，来实现多重继承。多重继承会使子类同时拥有多个父类，并且会获取所有父类中的方法。

在开发中若没有特殊的情况，应该尽量避免使用多重继承，因为多重继承会让我们的代码过于复杂。

如果多个父类中有同名的方法，则会先在第一个父类中寻找，然后在第二个父类中寻找，再然后在第三个父类中寻找……前边父类的方法会覆盖后边父类的方法。代码示例如下：

```
# 定义一个父类 A
class A(object):
    def test(self):
```

```
                              print('AAA')

        # 定义一个父类 B
        class B(object)：
            def test(self)：
                print('B 中的 test()方法～～')
            def test2(self)：
                print('BBB')


        # 定义子类 C, 继承 A 和 B
        class C(A,B)：
            pass
        # 创建 C 的对象
        c = C()
        # 调用 C 的方法
        c. test()
```

扫码做练习

6.3.6 提升训练及作业

1. 提升训练

创建一个汽车类作为父类，再定义一个小汽车类、一个自行车类。给汽车类定义车的类型、车轮数量。类型定义成私有属性，子类只有 getter 方法获取值，不能修改类型。定义一个 run 方法，执行小汽车类的方法时，输出"我是××，我有××个轮子，我在高速路上"；执行自行车类的方法，输出"我是××，我有××个轮子，我在乡间的小路上"。

参考代码：

```
        #创建父类
        class Car：
            wheel = None

            def __init__(self, _type)：
                self. _type = _type

            def get_wheel(self)：
                return self. wheel

            def set_wheel(self, wheel)：
```

```
        self. wheel = wheel

    def get_type(self):
        return self. _type

    def run(self):
        print('我是父类的 run 方法…')

class Bike(Car):
    def __init__(self, wheel):
        # 希望可以直接调用父类的__init__来初始化父类中定义的属性
        super(). __init__('自行车')
        self. set_wheel(wheel)

    def run(self):
        print('我是%s，我有%d 个轮子，我在乡间的小路上'
            % (self. get_type(), self. get_wheel()))

class SmallCar(Car):
    def __init__(self, wheel):
        # 希望可以直接调用父类的__init__来初始化父类中定义的属性
        super(). __init__('小汽车')
        self. set_wheel(wheel)

    def run(self):
        print('我是%s，我有%d 个轮子，我在高速路上'
            % (self. get_type(), self. get_wheel()))

# 创建子类对象
b = Bike(2)
b. run()
c = SmallCar(4)
c. run()
```

2. 作业

定义一个 A 类，描述一个几何体，包含有长、宽两种属性，以及计算面积的方法。编写一个 B 类，继承自 A 类，同时该类描述长方体，具有长、宽、高属性，以及计算体积的方法。编写一个测试类，对以上两个类进行测试，创建一个长方体，定义其长、宽、高，输出其底面积和体积。

6.4 多态

多态（Polymorphism）按字面的意思就是"多种状态"。在面向对象语言中，子类的多种不同的实现方式即为多态。引用 Charlie Calverts 对多态的描述——多态性是允许你将父对象设置成为一个或更多的与它的子对象相等的技术。赋值之后，父对象就可以根据当前赋值给它的子对象的特性采用不同的方式运作。

6.4.1 多态案例

1. 案例代码

创建一个 Animal 类作为父类，创建 Dog 类和 Cat 类两个子类，给这三个类分别定义 drink() 方法。创建 Test（测试）类，在测试类中定义 toDrink() 方法，把子类对象传入，调用方法。代码示例如下：

```python
# 创建一个动物类
class Animal：
    # 定义喝水方法
    def drink(self)：
        print('动物在喝水 ...')


# 创建一个狗狗类
class Dog(Animal)：
    # 定义狗狗类喝水方法
    def drink(self)：
        print('狗在喝水 ...')


# 创建一个猫咪类
class Cat(Animal)：
    # 定义猫咪类喝水方法
    def drink(self)：
        print('猫在喝水 ...')


# 创建一个测试类
class Test：
```

```
# 定义测试类的喝水方法
def toDrink(animal)：
    animal. drink()

a1 = Dog()  # 创建狗狗类的对象
a2 = Cat()   # 创建猫咪类的对象
# 调用测试类方法，把子类对象传入
toDrink(a1)
toDrink(a2)
```

2. 案例运行结果

本案例程序实现的功能是：给 Test 类的 toDrink() 方法中传入不同的子类对象，输出结果不同。程序运行结果如图 6.5 所示。

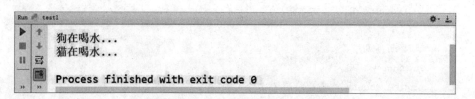

图 6.5 多态案例运行结果

☆本节案例中涉及的知识点有：多态、isinstance() 函数、类属性、实例属性、静态方法、垃圾回收机制。

6.4.2 多态的概念

多态是面向对象的三大特性之一。

多态是指一类事物有多种形态，比如动物有多种形态，鱼、狗、猫等。

6.4.3 isinstance() 函数

判断多态可以使用 isinstance() 函数。例如，有 A、B、C 三个类，B 类继承了 A 类，可以在 B 类中写"if isinstance(obj，A)："语句来判断 B 类是否是 A 类的子类，C 类同理。如果判断结果为 B 类是 A 类的子类，则可以继续执行后面的代码，如果不是则不执行。代码示例如下：

```
# 定义一个方法，参数类型为对象
def say_hello(obj)：
    # 做类型检查，只有继承 A 类才能执行方法
    if isinstance(obj，A)：
```

```
print('你好 %s'%obj.name)
```

该函数的作用是类型检查。如果在其他函数中使用该函数，则只会判断类型，而无法处理其他类型对象。像 isinstance() 这样的函数，在开发中一般是不会使用的，因为它的适应性非常的差。

6.4.4 类属性

直接在类中定义的属性是类属性。

类属性可以通过类或类的实例访问。类属性只能通过类对象来修改，无法通过实例对象修改。代码示例如下：

```
# 定义一个类
class A(object):
    # 类属性
    count = 0


# 类属性调用
A.count = 100
print(A.count) # 输出结果为 100
# 实例对象调用
a = A()
a.count = 10
print(a.count)    # 输出结果为 10
```

6.4.5 实例属性

通过实例对象添加的属性属于实例属性。实例属性只能通过实例对象来访问和修改，类对象无法对其进行访问和修改。代码示例如下：

```
# 定义一个类
class A(object):
    def __init__(self):
        # 实例属性
        self.name = '孙悟空'


# 类属性调用
print('A ,', A.name)          # 运行结果：抛出异常 AttributeError
# 实例对象调用
a = A()
print('a ,', a.name)          # 运行结果： a ，孙悟空
```

6.4.6 静态方法

在类中使用@staticmethod 来修饰的方法属于静态方法。

静态方法不需要指定任何的默认参数。静态方法可以通过类和实例去调用。静态方法基本上是一个和当前类无关的方法，只是一个保存到当前类中的函数。

静态方法一般都是一些工具方法，和当前类无关。代码示例如下：

```
#定义一个类
class A(object):
    @staticmethod
    def test_3():
        print('test_3 执行了，这是一个静态方法～～～')
# 类调用
A.test_3()
# 实例对象调用
a = A()
a.test_3()
```

6.4.7 垃圾回收机制

就像我们生活中会产生垃圾一样，程序在运行过程当中也会产生垃圾。程序运行过程中产生的垃圾会影响到程序的运行性能，所以这些垃圾必须被及时清理。

什么是垃圾呢？没用的东西就是垃圾。在程序中没有被引用的对象就是垃圾，这种垃圾对象过多以后会影响到程序运行的性能，所以我们必须进行及时的垃圾回收。所谓的垃圾回收，就是将垃圾对象从内存中删除。

在 Python 中有自动的垃圾回收机制，它会自动将这些没有被引用的对象删除，所以我们不用手动处理垃圾。

6.4.8 提升训练及作业

1. 提升训练

（1）面向对象的特性有哪些？各有什么用处？请阐述你的理解。

参考答案：

面向对象有三大特性：① 封装：对数据属性进行严格控制，隔离复杂度；② 继承：解决代码的复用性问题；③ 多态：增加程序的灵活性与可扩展性。

（2）执行以下代码时，会出错吗？如果正常运行，会输出什么？如果程序不能运行，应该怎么修改？

扫码做练习

```
class People：

    def __init__(self,name)：
        self.name = name

    @property
    def eat(self)：
        print(" %s 正在吃饭。。。" %self.name)

d = People("小白")
d.eat()
```

参考答案：

程序不能正常运行，应该把 d.eat()修改为 d.eat。

（3）如下代码采用多态的编程思想编写，请在空白的位置填写适当的代码以完成功能。

```
class Cat(Animal)：    # Animal 属于动物的另外一种形态：猫
    def talk(self)：
        print('喵喵喵')

def func(animal)：    # 对于使用者来说，自己的代码根本无需改动
    _____.talk()

_____ = _____()    # 实例出一只猫
func(_____)    # 调用猫的 talk 功能
```

参考代码：

```
class Cat(Animal)：    # Animal 属于动物的另外一种形态：猫
    def talk(self)：
        print('喵喵喵')

def func(animal)：    # 对于使用者来说，自己的代码根本无需改动
    animal.talk()

cat1 = Cat()    # 实例出一只猫
func(cat1)    # 调用猫的 talk 功能
```

2. 作业

编写程序，完成：类 A 继承了类 B，两个类都实现了 handle 方法，在类 A 中的 handle 方法中调用类 B 的 handle 方法。

6.5　模块

在 Python 中，一个 py 文件就是一个模块，创建模块，实际上就是创建一个 Python 文件。如果能把之前的模块引入到新的模块中，那么就可以提高代码的利用率，避免重复开发。

6.5.1　模块案例

1. 案例代码

该案例有两个 py 文件。第一个 py 文件的名称为 Car，代码如下：

```python
# 创建父类
class Car：
    wheel = None

    def __init__(self, _type)：
        self._type = _type

    def get_wheel(self)：
        return self.wheel

    def set_wheel(self, wheel)：
        self.wheel = wheel

    def get_type(self)：
        return self._type

    def run(self)：
        print('我是父类的 run 方法…')

class Bike(Car)：
    def __init__(self, wheel)：
        # 希望可以直接调用父类的__init__来初始化父类中定义的属性
        super().__init__('自行车')
        self.set_wheel(wheel)

    def run(self)：
```

```
        print('我是%s,我有%d个轮子,我在乡间的小路上'
            % (self. get_type(), self. get_wheel()))

class SmallCar(Car):
    def __init__(self, wheel):
        # 希望可以直接调用父类的__init__来初始化父类中定义的属性
        super(). __init__('小汽车')
        self. set_wheel(wheel)

    def run(self):
        print('我是%s,我有%d个轮子,我在高速路上'
            % (self. get_type(), self. get_wheel()))
```

第二个 py 文件的名称为 Test,代码如下:

```
import Car as ca

b = ca. Bike(2)
b. run()
c = ca. SmallCar(6)
c. run()
```

2. 案例运行结果

案例程序中,我们在 Test 模块中引入 Car 模块,使两个模块关联起来,提高了代码的重用性,优化了代码结构。程序运行结果如图 6.6 所示。

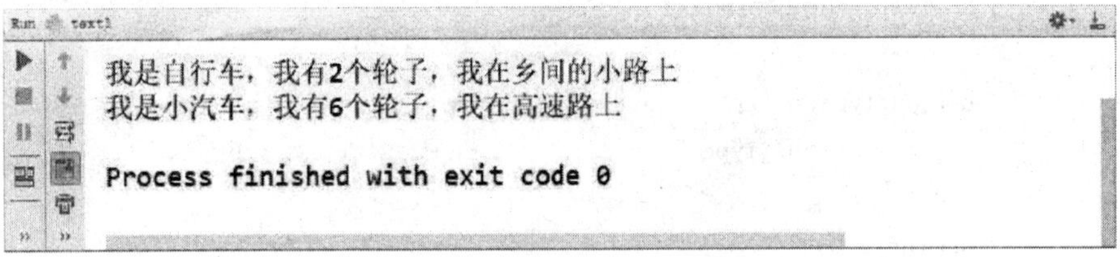

图 6.6　模块案例运行结果

☆本节案例中涉及的知识点有:模块、引入模块、模块属性私有化、模块的主函数。

6.5.2　模块化及其优点

模块(module)通常指的是模块化。模块化指将一个完整的程序分解为一个一个小的模块。通过将模块组合,可以搭建出一个完整的程序。

不采用模块化,统一将所有的代码编写到一个文件中。采用模块化,将程序分别编写到多个文件中。

模块化具有以下优点：

（1）方便开发。

（2）方便维护。

（3）模块可以复用！

6.5.3　引入外部模块

在一个模块中可以引入外部模块。引入模块的方法有以下几种：

（1）import 模块名（模块名即 Python 文件的名字，注意不要用 py）。

（2）import 模块名 as 模块别名。

（3）from 模块名 import 属性，属性（属性指的是模块中的变量、方法、函数等内容。可以同时引入多个属性，用","隔开）。

（4）from 模块名 import ＊（功能是引入模块中所有内容。一般不使用此方法。如果两个方法同名，可能会覆盖主模块的方法）。

（5）from 模块名 import 属性 as 别名（在引入模块中的单个属性时，可以为引入的属性起一个别名）。

需要注意的是：

（1）同一个模块可以引入多次，但是模块的实例只会创建一个。

（2）import 语句可以在程序的任意位置调用，但是一般情况下，import 语句都会统一写在程序的开头。

6.5.4　调用模块的属性

调用模块的属性要遵循以下语法：

模块名．变量名

例如，将 m 模块引入当前模块的代码如下：

 # 引入 m 模块

import m

 # 输出 m 模块中变量 a 和变量 b 的值

print(m. a , m. b)

6.5.5　模块的属性私有化

如果不想模块中的一些属性被其他模块访问，可以进行私有化处理，分为私有化变量和私有化函数。

1. 私有化变量

可以将模块中的变量进行私有化处理，做法是给变量加_前缀。例如，对变量 name 进行私有化处理，就可以写为_name。进行私有化处理之后的变量只能在模块内部使用，通常情况下，其他模块不能引入该模块的私有化变量，在特殊情况下可以通过 from m import * 的方式引入私有化的变量。代码示例如下：

```
#普通变量
a = 10
# 添加了_的变量，只能在模块内部访问，即在通过 import * 引入时，不会引入_开
# 头的变量
_c = 30
```

2. 私有化函数

如果部分代码只在当前文件作为主模块时才需要执行，而当模块被其他模块引入时，不需要执行，则此时我们可以用函数私有化的方法来处理。代码示例如下：

```
if __name__ == '__main__':
    test()
    test2()
    p = Person()
    print(p.name)
```

6.5.6 模块的主函数

在每一个模块内部都有一个__name__属性，通过这个属性可以获取到模块的名字。__name__属性值为 __main__ 的模块是主模块，一个程序中只会有一个主模块，主模块也就是我们直接通过 Python 执行的模块。

有时，部分代码只在当前文件作为主模块的时候才需要执行，而当模块被其他模块引入时，不需要执行，此时我们就必须要检查当前模块是否是主模块。

判断是否为主模块，需要用主函数(main)进行判断，判断方式为"if __name__ == '__main__':"。下面代码的功能是判断是否是主模块，如果是主模块，则获取 Person 类中的名字，并输出。

```
if __name__ == '__main__':
    p = Person()
    print(p.name)
```

6.5.7　提升训练及作业

1. 提升训练

（1）利用模块化编程的好处是_____、_____、_____。

（2）同一个模块可以引入_____次，但是模块的实例只会创建_____个。

（3）创建一个学生类，定义三个属性并私有化，分别是学生的名字、年龄、年级。创建一个模块，写一个 speak 方法，引入学生类，执行 speak 方法时输出"我是××，我今年××岁了，我上××年级"。

参考答案：

（1）方便开发　　　方便维护　　模块可以复用

（2）多　　一

（3）学生类代码：

```python
class Student:

    def __init__(self, name, age, grade):
        self._name = name
        self._age = age
        self._grade = grade

    @property
    def name(self):
        return self._name

    @name.setter
    def name(self, name):
        self._name = name

    @property
    def age(self):
        return self._age

    @age.setter
    def age(self, age):
        self._age = age
```

扫码做练习

```
@property
def grade(self):
    return self._grade

@grade.setter
def grade(self, grade):
    self._grade = grade
```

调用模块代码：

```
import Student as stu

s = stu.Student('小明', 12, 6)
print('我是%s,我今年%d 岁了,我上%d 年级'
      % (s.name, s.age, s.grade))
```

2. 作业

模拟银行账户业务创建模块 Bank，添加存款方法和取款方法，存款时账户初始金额为 0 元，取款时如果余额不足则给出提示。在 Test 模块中执行程序。

第 7 章

异常和文件

7.1 异常

在日常生活中，时常会有异常发生，比如今天要去上班，但因为车祸堵车了，我们把这种现象可以看成是生活中的异常现象。程序中也一样，会出现一些错误，比如使用了没有赋值过的变量、使用了不存在的索引或做了除 0 操作等。

这些程序中的错误，我们称其为程序中的异常。

程序运行过程中，一旦出现异常将会导致程序立即终止，异常以后的代码将不再执行！也就是说，因为操作不当，很有可能会导致我们的程序终止。

7.1.1 ZeroDivisionError 异常案例

1. 案例代码

在计算机的发展过程中，有两大计算机"杀手"，一个是断电，另一个是除数为 0。除数为 0 在数学上的解是无穷大，对于计算机来说，无穷大意味着内存将被全部占满。Python 以 ZeroDivisionError 表示除数为 0 的异常。下面代码中，当我们用任意数字除以 0 时，为避免因为除以 0 造成的程序中断，需要启用程序异常处理机制。代码示例如下：

```
#异常的处理
try：
```

```
#用任意数字除以 0
    print(10/0)
# NameError 异常
except NameError：
    print('出现 NameError 异常')
# ZeroDivisionError 异常
except ZeroDivisionError：
    print('出现 ZeroDivisionError 异常')
# IndexError 异常
except IndexError：
    print('出现 IndexError 异常')
#未知的异常可以用 Exception
except Exception as e：
    print('未知异常',e,type(e))
#不管异常是否发生，都需要执行 finally 模块
finally ：
    print('无论是否出现异常，该子句都会执行')
```

2. 案例运行结果

上述有关异常的程序运行结果如图 7.1 所示。

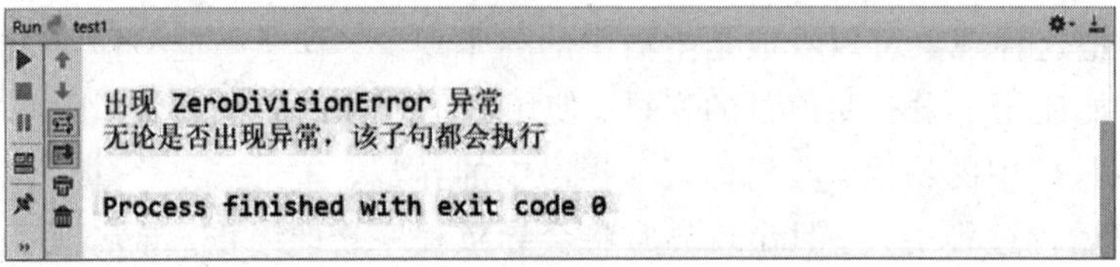

图 7.1　异常案例运行结果

☆本节案例中涉及的知识点有：异常的处理、异常的传播、异常对象、自定义异常对象、异常的处理机制。

7.1.2　异常的处理

程序运行出现异常时，我们并不希望程序直接终止，而是可以通过编写代码来对异常进行处理。在 Python 中，可以使用 try-except-finally 来处理异常。

具体的语法如下所示：

```
try:
    代码块(可能出现错误的语句)
except 异常类型 as 异常名：
```

代码块*（出现错误以后的处理方式）*

except 异常类型 as 异常名：

　　代码块*（出现错误以后的处理方式）*

except 异常类型 as 异常名：

　　代码块*（出现错误以后的处理方式）*

else：

　　代码块*（没出错时要执行的语句）*

finally：

　　代码块*（该代码块总会执行）*

异常处理语法中，用 try 包括可能出现错误的语句；用 except 捕获出现的异常，可以用多个 except 捕获不同类型的异常；else 部分在没有发生异常时执行；finally 部分不管当前程序中有无异常，都会正常执行。在系统开发中，经常会把资源的关闭放在 finally 块中执行。

7.1.3 异常的传播

如果函数调用处处理了异常，则异常不再传播；如果没有处理则继续向调用处传播，直到传递到全局作用域（主模块）。如果依然没有处理，则程序终止，并且显示异常信息。

当程序运行过程中出现异常时，所有的异常信息会被保存在一个专门的异常对象中，而异常传播时，实际上就是将异常对象抛给了调用处。

例如，ZeroDivisionError 类的对象专门用来表示除 0 的异常；NameError 类的对象专门用来表示变量错误的异常。

7.1.4 异常对象

异常对象有很多，写代码时可以在 except 后定义异常对象，此时它只会捕获该类型的异常。Exception 是所有异常类的父类，不管 except 后跟的是 Exception 还是什么都不跟，它都会捕获到所有的异常。

7.1.5 自定义异常对象

可以使用 raise 语句来抛出异常，raise 语句后需要跟一个异常类或异常的实例。我们可以通过创建类的方式创建一个异常类。

抛出异常的目的，是告诉调用者这里调用时会出现问题，希望你自己处理一下。也可以自定义异常类，只需要创建一个类继承 Exception 即可。代码示例如下：

```
class MyError(Exception)：
```

```
        pass
#定义函数
def add(a,b):
    # 如果a和b中有负数，就向调用处抛出异常
    if a < 0 or b < 0:
        # raise用于向外部抛出异常，后面可以跟一个异常类，或异常类的实例
        # raise Exception('两个参数中不能有负数！')
        raise MyError('自定义的异常')
        # 也可以通过if else来代替异常的处理
    r = a + b
    return r
#调用函数
print(add(-123,456))
```

示例程序运行结果如图 7.2 所示。

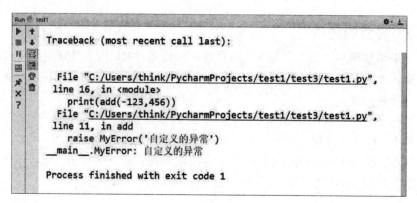

图 7.2　自定义异常对象示例运行结果

7.1.6　异常的处理机制

在异常处理的语法中，try 的工作原理是：当开始一个 try 语句后，就在当前程序的上下文中作标记，这样当异常出现时就可以回到标记处。try 子句先执行，接下来会发生什么依赖于执行时是否出现异常。

如果 try 后的语句执行时发生异常，就跳回到 try 处并执行第一个匹配该异常的 except 子句，异常处理完毕，控制流就通过整个 try 语句（除非在处理异常时又引发新的异常）。如果在 try 后的语句里发生了异常，却没有匹配的 except 子句，异常将被递交到上层的 try，或者递交到程序的最上层（这样将结束程序，并输出缺省的出错信息）。

如果 try 子句执行时没有发生异常，将执行 else 语句后的语句（如果有 else 的话），然后控制流通过整个 try 语句。

except 中放置的是出错以后的处理方式。如果 except 后不跟任何内容，则它会捕获到所有的异常。如果 except 后跟着一个异常的类型，那么它只会捕获该类型的异常。

Exception 是所有异常类的父类，所以如果 except 后跟的是 Exception，则也会捕获到所有的异常。可以在异常类后边跟一个 as ××，此时 ×× 就是异常对象。

7.1.7　提升训练及作业

1. 提升训练

请补充下面代码中会出现的异常。

```
try：
    num1＝30
    num2＝0
    num3＝num1/num2
except _____：
    print('异常：除数不能为 0')
finally：
    print('程序运行结束')
```

参考代码：

```
try：
    num1＝30
    num2＝0
    num3＝num1/num2
except ZeroDivisionError：
    print('异常：除数不能为 0')
finally：
    print('程序运行结束')
```

2. 作业

编写一个模拟计算器功能的程序，要求处理其中的异常。

7.2　文件

我们编程时，往往需要处理一些外部的文件，比如读取 Excel 文件的数据到

扫码做练习

我们的程序中，读取一些配置文件让我们的程序个性化运行，批量修改一些文件名称等。一门语言是否实用，往往需要看它对文件处理的设计是否优异。Python在这方面是非常优秀的，我们可以使用内建的 open 函数访问文体，也可以使用标准库里的 os 访问文件，还可以使用第三方提供的库访问文件。

Python 在对文件处理时，通常会把文件看做一个对象，通过文件对象的内建函数、内建方法和属性对标准文件进行操作。

文件对象不仅可以用来访问普通的磁盘文件，而且可以用来访问任何其他类型抽象层面上的"文件"，如文本文件、视频文件和音频文件。一旦设置了合适的参数，就可以访问具有文件类型接口的其他对象，就好像访问的是普通文件一样。

随着使用 Python 经验的增长，我们会遇到很多处理"类文件"对象的情况。有很多这样的例子，例如实时地"打开一个 URL"来读取 Web 页面，在另一个独立的进程中执行一个命令进行通信，就好像是两个同时打开的文件，一个用于读取，另一个用于写入内建函数 open() 并返回一个文件对象，对该文件进行后继相关的操作都要用到它。还有大量的函数也会返回文件对象或是类文件(file-like)对象。进行这种抽象处理的主要原因是许多的输入/输出数据结构更趋向于使用通用的接口。这样就可以在程序行为和实现上保持一致。请记住，文件只是连续的字节序列，一般文件的操作分为文件的读和写两种操作。

7.2.1 文件案例

1. 案例代码

如果我们想创建一个文件对象，则可以使用 open 内置方法进行创建，只需要明确指出文件所在的位置和文件的编码即可。代码示例如下：

```
#定义要读取的文件路径
file ='readText'
#处理读取时的异常
try：
#用 open 函数返回路径所对应的文件对象
    obj =open(file, encoding='utf-8')
    print(obj)
except FileExistsError：
    print('文件找不到')
```

2. 案例运行结果

案例程序运行结果如图 7.3 所示。大家看到，在控制台中，出现了一段"<_io.

TextIOWrapper name='readText. txt' mode='r' encoding=' utf-8'>"文字。这说明我们创建一个文件对象的任务已经完成了。

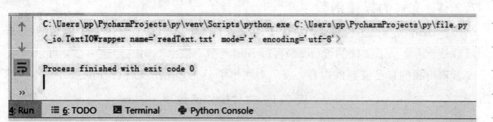

图 7.3 文件案例执行结果

☆本节案例涉及的知识点有：文件的路径、文件的创建、文件的操作函数。

7.2.2 什么是文件

想必大家对文件的概念并不陌生，文件指的是在计算机中由操作系统管理的、具有名字的存储区域。文件大致可以分为两类：一类是纯文本文件（使用 utf-8 等编码编写的文本文件）；另一类是二进制文件（图片、mp3、ppt 等文件）。本节案例中所用的是纯文本文件。

在 Python 中，通过很简单的程序，就能读取到我们想得到的文件内容。

7.2.3 文件的路径

在 Windows 系统中，可以使用/来代替 \，或者可以使用 \\ 来代替\。

相对路径与绝对路径为引入文件路径的两种方式。

对路径的理解，我们可以想象有一张很大的地图，以省份为单位，你可以站在任何一个省份，假如我们现在站在山西，那么我们一起来思考：在我们现在所在的位置以北是哪个省份？我们可以轻松答出来是内蒙古。如果我们站的位置变了，那么相对以北的省份是不是也会变？这就是我们所说的相对的概念。自然，此处的相对路径是指相对我们程序所在的文件的路径，这里的程序指的是在我们程序中写路径的当前的 .py 文件。

再回归到我们刚刚拥有一张地图这件事情上，如果我说请找到中国，再找到山西省，那么对于我刚才所说的"中国/山西省"这样一个路径而言，和相对我们自己在哪个省份是没有关系的，不会因为我们自己位置的改变而改变的就叫做绝对路径。

在相对路径中，需要注意的是，". /"代表的意思是当前文件夹的意思，表示返回上一级目录。而对于绝对路径来说，我们要权衡使用，如果目标文件距离比较远，可以使用绝对路径。绝对路径应该从磁盘的根目录开始书写。

7.2.4 文件的操作函数

Python 中有很多内置函数，用于对文件进行操作。除了上述文中提到的 open 函数外，还提供了文件的读（read）写（write）函数。根据不同的传递参数，可以获取或者输出我们自己需要的内容。表 7.1 列出了一些常用的文件操作函数。

表 7.1 文件操作函数

方　法	描　述
output＝open(r'C:\span','w')	创建输出文件（w 指写入）
input＝open('data', 'r')	创建输入文件（r 指读取）
input＝open('data')	创建输入文件（r 是默认值）
aString＝input. read()	把整个文件读进单一字符串
aString＝input. read(N)	读取之后的 N 个字节（一个或多个）
aString＝input. readline()	读取下一行（包括行末标识符）到一个字符串
aString＝input. readlines()	读取整个文件到字符串列表
output. write(aString)	写字节字符串到文件
output. writeLines(aList)	把列表内所有文件写入字符串
output. close()	关闭文件（当文件搜集完成时会关闭文件）
output. flush()	把输出缓冲区的内容刷到硬盘中，但不关闭文件
anyFile. seek(N)	修改当前文件位置到偏移量 N 处以便进行下一个操作
open('f. txt',encoding＝'latin－1')	Python 3.0 文本文件（str 字符串）
open('f. bin','rb')	Python 3.0 二进制文件（bytes 字符串）

7.2.5 提升训练及作业

1. 提升训练

下面代码的功能是在上一级目录中创建一个文件。请在下面横线上补充所需的代码。

    file ＝'_____'
    obj ＝open(_____)
    print(_____)

参考代码：

扫码做练习

```
file = '../Text'
obj = open(file, encoding='utf-8')
print(content)
```

2. 作业

在 D 盘下创建一个文件对象。

7.3 读取文件

读取文件

读取文件是指将本地磁盘文件中的内容读取到程序中。文件的类型并不局限于文本文件。一般分成两种类型来考虑，分别是纯文本文件和二进制文件。所谓的纯文本文件，是指只包含基本文本字符，不包含字体、大小和颜色信息的文件。带有 .txt 扩展名的文本文件，以及带有 .py 扩展名的 Python 脚本文件，都属于纯文本文件，可以被 Windows 的 Notepad 或 OSX 的 TextEdit 应用打开。我们所写的程序可以轻易地读取纯文本文件的内容，将它们作为普通的字符串值使用。所谓的二进制文件，是指所有其他文件类型，如字处理文档、PDF、图像、电子表格和可执行程序等。如果用 Notepad 或 TextEdit 打开一个二进制文件，我们将无法看到像文字一样正常的显示内容。

7.3.1 读取文件案例

1. 案例代码

如果我们想针对文件内容进行操作，则可以通过获取指定 file 对象并读取的办法来进行，只需要明确指出文件所在的位置即可。代码示例如下：

```
# 定义要读取的文件路径
file = 'readText'
# 处理读取时的异常
try:
# 用 open 函数返回路径所对应的文件对象
    obj = open(file, encoding='utf-8')
# 用 read 方法读取文件对象中的内容
    content = obj.read()
# 资源关闭
    obj.close()
    print(content)
except FileExistsError:
```

print('文件找不到')

2. 案例运行结果

案例程序运行结果如图 7.4 所示。大家看到，在控制台中，出现了一段"这是一个测试说明文档……"的文字。这说明我们读取第一个文件的任务已经完成了。

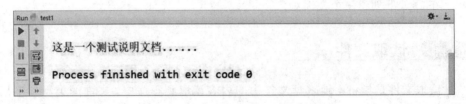

图 7.4　读取文件案例运行结果

☆本节案例中涉及的知识点有：读取文件的方法、关闭文件的方法。

7.3.2　读取文件的方法

如果文件打开成功，接下来就可以读取文件的内容。Python 中把文件内容读到内存，用一个 str 对象表示。

读取文件的方法有三种：

（1）调用 read()方法来读取文件。代码示例如下：

```
#读取文件的路径
f＝open('/Users/notfound. txt', 'r')
#读取的方法
f. read()
f. close()
```

如果像上面这段代码一样直接调用 read()函数读取文件，则会将文本文件的所有内容全部都读取出来。如果要读取的文件较大（会一次性将文件的内容加载到内存中），则容易导致内存泄漏。

对于较大的文件，不宜直接调用 read()函数。此时可以给 read()函数一个参数 size，该参数用来指定要读取的字符的数量。可以为 size 指定一个值，这样 read()会读取指定数量的字符，每一次读取都是从上次读取到的位置开始读取的。如果字符的数量小于 size，则会读取剩余所有的字符；如果已经读取到了文件的最后，则会返回空串。size 的默认值为－1，表示读取文件中的所有字符。

文件读写时都有可能产生 IOError，一旦出错，后面的 f. close()就不会被调用。为了保证无论是否出错都能正确地关闭文件，我们可以使用 try-finally 组合。代码示例如下：

```
#读取的工程路径
```

```
file ='/readPro/readText'
try：
    obj = open(file, encoding='utf-8')
    content = obj.read()
finally：
    obj.close()
print(content)
```

（2）调用 readlines()函数来读取文件。该函数用于一行一行地读取文件内容，它会一次性把内容读取完毕，再将读取到的内容封装到一个列表中一行一行地返回。代码示例如下（在写下面代码之前，我们在 read Text.txt 文件中写了三行内容，分别是"我是第一行"、"我是第二行"和"我是第三行"）：

```
file ='readText'
with open(file, encoding='utf-8') as file_obj：
    r = file_obj.readlines()
    print(r[0])
    print(r[1])
    print(r[2])
```

运行结果如图 7.5 所示。

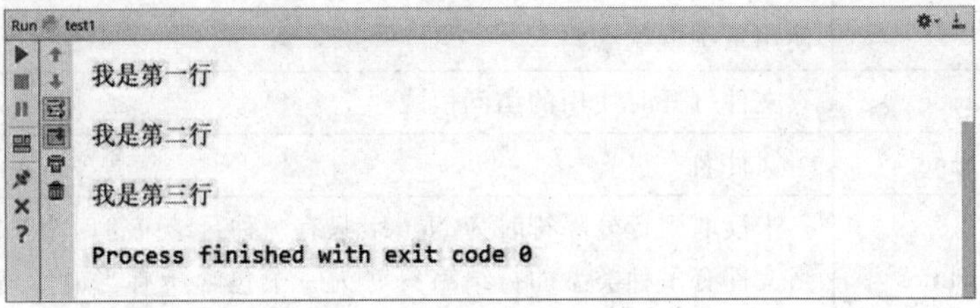

图 7.5　readlines 函数示例代码运行结果

（3）如果想读取多条数据，可以换一种简单的写法，即使用 with-as 与 for 循环结合的方法。如下面代码同样会得到图 7.4 的结果。

```
file ='readText'
with open(file, encoding='utf-8') as file_obj：
    for t in file_obj：
        print(t)
```

上面代码运行后，我们会发现，刚刚我们写的三行文字全部输出在控制台中。

7.3.3　关闭文件的方法

关闭文件的方法有两种：

（1）调用 close()方法关闭文件。当文件读取完毕后，应当调用 close()方法来关闭文件。

（2）使用 with-as 语句时自动关闭文件。当使用 with-as 组合语句打开文件时，这个文件只能在 with 语句模块中使用，一旦 with 语句模块结束，文件将会自动关闭。

7.3.4　文件的属性

文件的对象除了方法（函数）之外，还有一些数据属性。这些属性保存了文件对象相关的附加数据，如文件名（file. name）、文件的打开模式（file. mode）、文件是否已被关闭（file. closed）以及一个标志变量，它可以决定使用 print 语句输出下一行前是否要加入一个空白字符（file. softspace）。表 7.2 列出了这些属性并做了简单描述。

表 7.2　文件的属性

属性	描　述
file. closed	True 表示文件已经被关闭，否则为 False
file. encoding	文件所使用的编码。当 Unicode 字符串被写入数据时，它们将自动使用 file. encoding 转换为字节字符串；若 file. encoding 为 None 时，使用系统默认编码
file. mode	文件打开时使用的访问模式
file. name	文件名
file. newlines	未读取到行分隔符时为 None，只有一种行结束符时为一个字符串，当文件有多种类型的行结束符时为一个包含所有当前所遇到的行结束符的列表
file. softspace	为 0 表示在输出数据后，要加上一个空格符，1 表示不加

表 7.2 列出了 file 对象的属性，下面做一次测试，一起感受一下这些属性所起到的作用。代码示例如下：

```
file ='readText'
file_obj =open(file, encoding='utf-8')
print('文件名==>>'+file_obj. name)
print('文件编码方式==>>'+file_obj. encoding)
print('文件的模式==>>'+file_obj. mode)
print('文件是否关闭==>>'+file_obj. closed)
```

程序运行结果如图 7.6 所示。

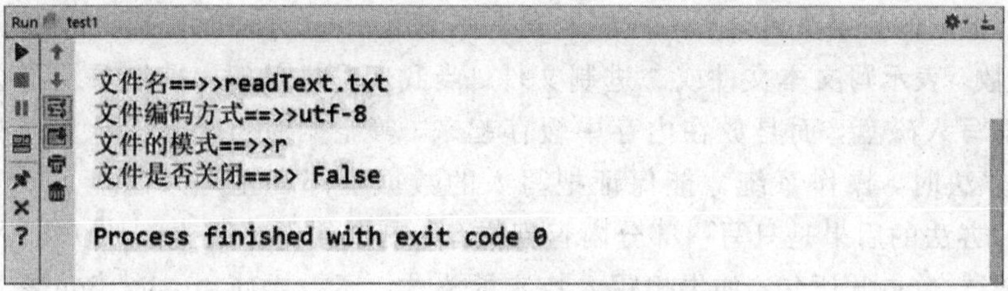

```
Run  test1
▶    ↑    文件名==>>readText.txt
■    ↓    文件编码方式==>>utf-8
II   ⏸    文件的模式==>>r
▣         文件是否关闭==>> False
★
×    ⊟    Process finished with exit code 0
?
```

图 7.6　属性测试示例的运行结果

扫码做练习

7.3.5　提升训练及作业

1. 提升训练

下面代码的功能是读取上一级目录中的一个文件，请在横线上补充所需的代码。

```
file = '_____'
obj = open(_____)
content = obj.read()
_____
print(_____)
```

参考代码：

```
file = '../ Text'
obj = open(file,encoding='utf-8')
content = obj.read()
obj.close()
print(content)
```

2. 作业

读取同一级目录下文本文件中的前 20 个字符。

7.4　写入文件

读取文件是为了将磁盘中存储的文件内容读入到程序中，在 Python 中也同样允许我们将内容写入文件，方式与 print() 函数将字符串"写"到屏幕上类似。但是，如果打开文件时用读模式，就不能写入文件。

7.4.1　写入文件案例

1. 案例代码

如果我们想把程序中的内容写到外部的某一个文件中，与读取一样，先得打开一个指定的目录文件，不一样的地方是在调用 open 方法时，需要传入 w 或者 wb 参数，表示写文本文件或二进制文件。当我们写文件时，操作系统不会立刻把数据写入磁盘，而是放在内存中缓存起来，等空闲时再慢慢写入。只有调用 close 方法时，操作系统才能保证把写入的数据全部真正写入磁盘。忘记调用 close() 方法的后果是只写一部分内容到磁盘，剩余的内容丢失。所以在写入时，一般会结合 with 语句。如果想写入特定的格式，还需要使用 encoding 参数，以将字符串转换成指定的编码。写入文件代码如下：

```
#准备写入的目标文件名称
file_name ='writeText'
try：
#循环写入数据
    with open(file_name，'w', encoding='utf-8') as obj：
        r = obj. write(str('today')+' is a good day! ')
except FileExistsError：
    print(f'{file_name} 已经存在，不能再创建! ')
```

2. 案例运行结果

运行上面的案例程序，可以看到程序中的内容"tody is a good day!"写入到了名字为"writeText"的文本文件中。用文本编辑工具打开后如图 7.7 所示。

1	today is a good day!

图 7.7 文件写入案例运行结果

☆本节案例中涉及的知识点有：文件的写入、open 的参数。

7.4.2 文件的写入

要写入文件，你需要以"写入纯文本模式"或"添加纯文本模式"打开文件，简称为"写模式"或"添加模式"。

写模式下会覆写原有的文件，就像用一个新值覆写一个变量的值一样。将 w 作为第二个参数传递给 open() 函数，可以以写模式打开文件。

添加模式将在已有文件的末尾添加文本，我们可以认为这类似向一个变量中的列表添加内容，而不是完全覆写该变量。将 a 作为第二个参数传递给 open() 函数，可以以添加模式打开该文件。

如果传递给 open()函数的文件名不存在,写模式和添加模式都会创建一个新的空文件。在读取或写入文件后,需调用 close()方法,才能再次打开该文件。文件的读取是为了将磁盘中存储的文件内容读入到程序中,同理,文件的写入是为了将程序中的数据写回到磁盘的指定文件中。

7.4.3　open()函数详解

在用 file 写清楚路径后,可以用 open()函数打开文件。内置的 open()函数会创建一个 Python 文件对象,可以作为计算机上的一个文件链接。在调用 open()函数之后,会返回一个文件对象。之后可以直接用返回的文件对象的方法来读取外部文件。

open()函数的使用方法:

```
open('/Users/test. txt', 'r')
```

使用 open()函数打开文件时必须要指定打开文件所要做的操作(读、写、追加),如果不指定操作类型,则默认是读取文件,而读取文件时是不能向文件中写入的。

open()函数的传入参数如表 7.3 所示。

表 7.3　open()函数的传入参数

参数	描　述
- r	表示文件是只读的
- w	表示文件是可写的。使用 w 来写入文件时,如果文件不存在,会创建文件;如果文件存在,会截断文件(截断文件指删除原来文件中的所有内容)
- a	表示追加内容。如果文件不存在,会创建文件;如果文件存在,会向文件中追加内容
- x	表示新建文件。如果文件不存在,则创建文件;如果存在,则报错
- +	为操作符增加功能
r+	即可读又可写,文件不存在时会报错
w+	即可写又可读,不会报错
a+	即可追加又可读,不会报错

在写入时,可以根据需要,选择不同的参数传入 open()函数,获得所需要的写入功能。

在使用 open()函数时,如果文件路径不存在,会抛出一个 IOError 错误,并且给出错误码和详细的信息,以告知我们文件不存在。所以,需要注意 open()函数的异常处理。

扫码做练习

7.4.4 提升训练及作业

1. 提升训练

下面代码的功能是向一个已存在的文本中追加一句话，请补充代码。

```
file_name ='. /writeText'
try：
    with open(_____) as obj：
        _____
except _____：
    print(_____)
```

参考代码：

```
file_name ='. /writeText'
try：
    with open(file_name, 'a', encoding='utf-8') as obj：
        r = obj. write('yes,it is! ')
except FileNotFoundError：
    print(f'要写入的{file_name}文件未找到！')
```

2. 作业

请在控制台模拟考试系统中的试卷录入功能，将控制台中输入的 5 道题目写入到指定的文件中。

7.5 复制文件

大家想一下，根据我们所学的文件的读取与写入的操作，能否完成文件的复制操作？所谓复制，就是把一个文件的内容，复制到另外一个新的文件中，我们称之为复制文件。显然，我们可以先从本地磁盘中找出准备复制的文件，用读取操作将文件的内容先读入到程序，再由程序向另外一个文件中写入这些内容。这样，我们就能完成文件的复制操作了。

7.5.1 复制文件案例

1. 案例代码

我们现在先来复制一份普通文件。代码示例如下：

```
file_name ='copyText. txt'
try：
    with open(file_name, encoding='utf-8') as obj：
        new_file = 'new_txt. txt'
        with open(new_file, 'w') as new_obj：
            size = 1024
            while True：
                content = obj. read(size)
                if not content：
                    break
                new_obj. write(content)
except FileNotFoundError：
    print(f'{file_name}未找到该文件！')
```

运行上述代码，在指定的 new_file 中能够看到复制出来的 new_txt. txt 文件。

下面代码的功能是复制一张相片。对于相片，需要以二进制文件的方式来处理，所以需要给 open()函数传入 wb 参数。代码如下：

```
file_name ='car. jpg'
try：
    with open(file_name, 'rb') as obj：
        new_file = 'new_car. jpg'
        with open(new_file, 'wb') as new_obj：
            size = 1024 * 10
            while True：
                content = obj. read(size)
                if not content：
                    break
                new_obj. write(content)
except FileNotFoundError：
    print(f'{file_name}未找到该文件！')
```

2. 案例运行结果

复制相片代码的运行结果如图 7.8 所示。

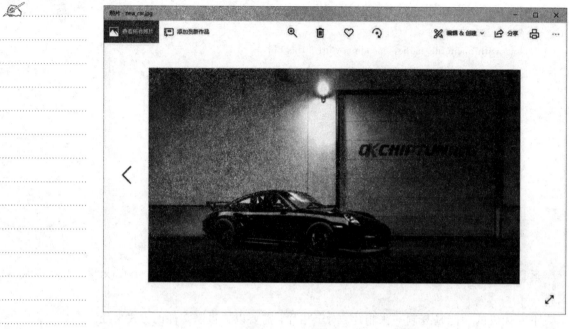

图 7.8 复制出来的汽车图片

☆本节案例中涉及的知识点有：open 字节和字符参数。

7.5.2 open 字节和字符参数

我们一般处理的文件有纯文本文件与二进制文件之分。在 open()函数中可以传入参数，以告诉程序当前所读取的文件类型，如：

① t 表示读取文本文件（默认值），size 以字符为单位；

② b 表示读取二进制文件，size 以字节为单位。

在对二进制文件进行操作时要传入-b 参数，告知程序我们读取的是二进制文件，就像我们在案例中想操作的是图片文件，而对图片的操作要以二进制文件的方式来进行，所以在 open()函数中要传入参数 b 一样。

7.5.3 提升训练及作业

1. 提升训练

下面代码的功能是复制一幅图片，请补充代码。

```
file_name = '_____'
try:
    with open(file_name, _____) as obj:
```

扫码做练习

```
        new_file = '_____'
        with open(new_file, _____) as new_obj：
            size = _____
            while True：
                content = obj.read(size)
                _____
                _____
                new_obj.write(content)
except FileNotFoundError：
    print(f'{file_name}未找到该文件！')
```

参考代码：

```
file_name ='car.jpg'
try：
    with open(file_name, 'rb') as obj：
        new_file = 'new_car.jpg'
        with open(new_file, 'wb') as new_obj：
            size = 1024 * 10
            while True：
                content = obj.read(size)
                if not content：
                    break
                new_obj.write(content)
except FileNotFoundError：
    print(f'{file_name}未找到该文件！')
```

2. 作业

复制一个文件，要求文件的类型为视频文件。

第8章

项目实战
——体验网络爬虫

8.1 概述

网络爬虫(又被称为网页蜘蛛、网络机器人,更经常被称为网页追逐者)是一种按照一定的规则,自动地抓取万维网信息的程序或者脚本。另外一些不常使用的名字还有蚂蚁、自动索引、模拟程序或者蠕虫。

随着网络的迅速发展,万维网成为大量信息的载体,如何有效地提取并利用这些信息成为一个巨大的挑战。搜索引擎(Search Engine)作为一个辅助检索信息的工具,成为用户访问万维网的入口和指南,如传统的通用搜索引擎AltaVista、Yahoo! 和 Google 等。但是,这些通用性搜索引擎也存在着一定的局限性,如:

(1) 不同领域、不同背景的用户往往具有不同的检索目的和需求,而通用搜索引擎所返回的结果中包含了大量用户不关心的网页。

(2) 通用搜索引擎的目标是达到尽可能高的网络覆盖率,有限的搜索引擎服务器资源与无限的网络数据资源之间的矛盾将进一步加深。

(3) 随着万维网数据形式的丰富和网络技术的不断发展,图片、数据库、音频、视频多媒体等不同数据大量出现,通用搜索引擎往往对这些信息含量密集,且具有一定结构的数据无能为力,不能很好地发现和获取。

(4) 通用搜索引擎大多只提供基于关键字的检索,难以支持根据语义信息提出的查询。

为了解决上述问题，定向抓取相关网页资源的聚焦爬虫应运而生。聚焦爬虫是一个自动下载网页的程序，它根据既定的抓取目标，有选择地访问万维网上的网页与相关的链接，获取所需要的信息。与通用爬虫（General Purpose Web Crawler）不同，聚焦爬虫并不追求高的网络覆盖率，而是将目标定为抓取与某一特定主题内容相关的网页，为面向主题的用户查询和准备数据资源。

聚焦爬虫的工作流程较为复杂，需要根据一定的网页分析算法过滤与主题无关的链接，保留有用的链接，并将其放入等待抓取的 URL 队列。然后，它将根据一定的搜索策略从队列中选择下一步要抓取的网页 URL，并重复上述过程，直到达到系统的某一条件时才停止。

所有被爬虫抓取的网页将会被系统存储，进行一定的分析、过滤，并建立索引，以便于之后的查询和检索。对于聚焦爬虫来说，这一过程所得到的分析结果还可能对以后的抓取过程给出反馈和指导。

相对于通用网络爬虫，聚焦爬虫还需要解决三个主要问题：

（1）对抓取目标的描述或定义；

（2）对网页或数据的分析与过滤；

（3）对 URL 的搜索策略。

本章以具体的聚焦爬虫为例，为读者展示 Python 语言在网络爬虫操作中的应用。

8.2 需求分析

8.2.1 需求分析概述

本实战项目的目标是开发一个轻量级的聚焦网络爬虫，获取百度百科 Python 词条相关的 1000 个页面的数据，并将结果输出到一个 HTML 页面中展示。

8.2.2 可行性分析

网络爬虫的使用目前已经比较普遍，国内外有众多对网络爬虫的研究成果，大部分技术难题已经有了解决方案，所以本项目可行性较高。

我们的爬虫抓取的是完全公开的数据，并且采取相对较慢的速度，不会对隐私造成侵犯，也不会对被抓取方的服务器造成巨大压力，因此在法律和道德层面并无违背之处。

对于一个爬虫程序来说，通常由五个部分组成：爬虫调度端、URL 管理器、网页下载器、网页解析器、资源库。各部分之间相互协调，共同完成任务。项目的系统运行流程图如图 8.1 所示。

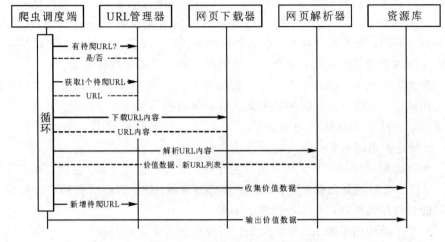

图 8.1　系统运行流程图

8.2.3　目标分析

1. 抓取内容

抓取百度百科 Python 词条页面以及相关词条页面的标题和简介。

2. 实施方式

(1) 分析 URL 格式。

(2) 分析抓取格式。

(3) 分析页面编码。

3. 编写代码

编写实现功能的 Python 代码。

4. 主要执行步骤

(1) 抓取主页面：百度百科 Python 词条。

https://baike.baidu.com/item/Python/407313

(2) 打开页面，在任意链接上审查元素。

(3) 分析链接特点，得到 URL 格式。

(4) 在 Python 这个词上审查元素，得知标题所在标签格式。

(5) 在简介上审查元素，得知简介所在标签格式。

(6) 在音译位置审查元素，查看<head >以得到编码集。

8.3　系统设计

8.3.1　设计目标

（1）能够对百度百科 Python 词条以及相关的 1000 个词条数据进行抓取并展示。

（2）经过简单扩展后能对其他公开网站数据进行抓取。

8.3.2　开发及运行环境

1. 硬件平台

CPU：P4 1.8 GHz。

内存：1 GB 以上。

2. 软件平台

操作系统：Windows 7 以上。

数据存储：内存存储，HTML 输出。

开发工具包：Python 3、PyCharm。

显示器分辨率：1024 像素×768 像素以上。

8.3.3　逻辑结构设计

本系统采用内存存储＋HTML 输出的模式。

（1）存储待抓取和已抓取 URL：采用 set 集合。由于 set 集合中元素不可重复的特性，因此可以避免重复抓取页面。

（2）存储下载好的页面数据：采用字符串直接存储页面内容，便于后期直接解析。

（3）输出抓取结果：采用 IO 方式将抓取结果输出到 HTML 文件中，便于在浏览器中直接打开查看。

8.4　简单架构设计

8.4.1　爬虫调度端

爬虫调度端的作用是启动、停止、监视爬虫的运行情况，调用 URL 管理器、网页下载器以及网页解析器去完成页面的分析，最终将从网页中抓取的有用数据输出至资源库中。

其运行流程如下：

（1）爬虫调度端给 URL 管理器添加一个 URL 作为程序入口，开始抓取。

（2）在首次抓取过程中解析第一个页面上有价值的信息，并获取页面上存在的相关链接。

（3）将上述获取的有价值的信息存储到 dict 中等待输出。

（4）将上述获取的相关链接经过去重后加入 URL 管理器中待抓取。

（5）从 URL 管理器中获取新的待抓取链接，重复上述过程。

（6）在调度端记录抓取次数，达到 1000 次即停止运行。

8.4.2 URL 管理器

1. URL 管理器的作用

URL 管理器的作用是管理待抓取的 URL 和已抓取的 URL。管理的目的是防止重复抓取、循环抓取某些页面。

URL 管理器至少需要满足以下功能：

（1）添加新 URL 到待抓取集合中。

（2）判断待添加 URL 是否在容器中。

（3）判断是否还有待抓取 URL。

（4）获取待抓取 URL。

（5）将 URL 从待抓取条目移动到已抓取条目。

2. URL 管理器的实现方式

通常情况下，URL 管理器的实现方式有三种。

（1）内存方式：将待抓取和已抓取的 URL 保存至 set 集合中。

（2）关系数据库：通过调用 MySql 数据库或 Oracle 数据库来实现，数据库中含有一张表 urls，表中包含 url 和 is_crawled 两个字段。

（3）Redis：待抓取 URL 集合为 set；已抓取 URL 集合为 set。

由于程序较为简单，因此我们直接存入内存即可。

3. URL 管理器的实现思路

（1）在 UrlManager 类中定义全局变量 new_urls 和 old_urls，分别初始化成 set。

（2）定义添加 URL 的函数，如果新添加的 URL 没有重复，则允许添加。

（3）定义判断是否还有待抓取 URL 的函数，判断程序是否需要结束。

（4）定义获取 URL 的函数，从 new_urls 中获取新的 URL，然后返回，并将此 URL 加入 old_urls。

（5）定义批量添加 URL 的函数。

8.4.3 网页下载器

1. 网页下载器的作用

网页下载器的作用是将互联网上 URL 对应的网页内容以 HTML 代码的形式下载到本地。常用的本地下载器有：

（1）urllib2：Python 官方基础模块。

（2）requests：第三方插件，功能更强大。

本实战项目我们采用第一种下载器。

2. 下载方式

urllib2 是 Python 提供的一个获取 url 链接的模块，给定 url，其将该 url 对应的网页下载到本地进行分析。urllib2 使用 urlopen()函数的形式提供了一个非常简洁的接口，利用该接口可以直接抓取一个网页代码，如示例 1 所示。

示例 1：使用 urllib2.urlopen()函数直接抓取网页代码。

```
import urllib2
url="http://www.baidu.com"
print ('NO1')
res1=urllib2.urlopen(url)
print res1.getcode()      #获取状态码，成功将返回 200
print len(res1.read())    #读取内容
```

但是在某些情况下，需要在 urlopen()函数提供的接口之上再添加一些其他元素，以应对更加复杂的情况。

当需要增加 http header 时，必须创建一个 Request 对象来作为 urlopen()函数的参数，需要访问的 url 地址则作为 Request 对象的参数，如示例 2 所示。

示例 2：使用 Request 对象，增加 http header。

```
import urllib2
print ('NO2')
request=urllib2.Request(url)    '''创建 Request 对象，将 url、data、header 传入 urllib2. Request 方法'''
request.add_header("user-agent","Mozilla/5.0")    '''添加 http 的 header 将爬虫程序伪装成 Mozilla 浏览器'''
res2=urllib2.urlopen(url)                         #发送请求获取结果
print res2.getcode()
```

```
print len(res2. read())
```

另外，当遇到以下特殊情况时，需要添加不同的情景处理器来应对：

(1) 网页需要登录才能访问，这时需要添加 cookie 进行处理，可以使用 HTTPCookieProcessor 对象。

(2) 网页需要代理才能访问，可以使用 ProxyHandler 对象。

(3) 网页为使用 https 加密协议的网页，可以使用 HTTPSHandler 对象。

(4) 网页需要 url 自动的跳转关系，可以使用 HTTPRedirectHandler 对象。

示例 3 以情况(1)为例，示范 HTTPCookieProcessor 对象的应用。

示例 3：使用 HTTPCookieProcessor 对象。

```
import cookielib
print ('NO3')
cj＝cookielib. CookieJar()    #创建一个 cookie 的容器 cj
opener＝urllib2. build_opener(urllib2. HTTPCookieProcessor(cj))    '''利用 urllib2
库的 HTTPCookieProcessor 对象来创建 cookie 处理器；自定义一个 opener，并将
opener跟 CookieJar 对象绑定'''
urllib2. install_opener(opener)    '''安装 opener，此后调用 urlopen()时都会使用安装
过的 opener 对象'''
res3＝urllib2. urlopen(url)
print res3. getcode()
print len(res3. read())
print cj
```

3. 网页下载器的实现思路

在类 HtmlDownloader 中编写下载函数，将 HTML 代码下载到本地。

8.4.4 网页解析器

1. 网页解析器的作用及种类

从网页中提取有价值数据的工具，它以 HTML 网页字符串为输入信息，输出有价值的数据和新的待抓取 URL 列表。

网页解析器可以分为正则表达式解析器、html. parser 解析器、BeautifulSoup 解析器以及 lxml 解析器四种。其中，正则表达式解析器为模糊匹配解析，它将下载好的 HTML 字符串用正则表达式匹配解析，适用于简单的网页解析字符串形式的模糊匹配。其余三种解析器则为结构化解析，将 HTML 文档加载为 DOM 树，如图 8.2 所示。

本实战项目中我们使用 BeautifulSoup 解析器。

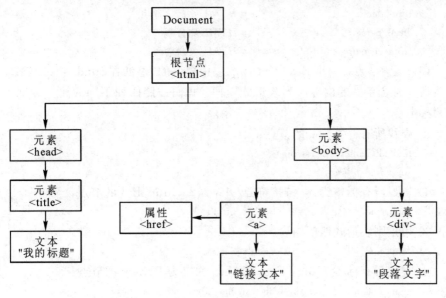

图 8.2 DOM 树

2. BeautifulSoup 的简介

BeautifulSoup 是 Python 的第三方库，用于从 HTML 或 XML 中提取数据。本书以 pip 发布的 BeautifulSoup4 版本为例，对 BeautifulSoup 包的安装及测试进行介绍。

在 PyCharm 的导航栏中，依次找到 File→settings→Project Interpreter，然后添加 BeautifulSoup4，即可完成安装。

3. BeautifulSoup 的语法

接下来，我们通过一个示例，简要讲解 BeautifulSoup 的语法使用，该示例使用 BeautifulSoup 实现了查找某一行具有特定属性的 HTML 语句的功能。

（1）我们指定下列 HTML 语句为我们所要查找的目标语句：

```
<a href="123.html"class="aaa">Python</a>
```

在该行语句中，节点名称为 a；节点具有两个属性，第一个属性为超链接属性 href，属性值为"123.html"，第二个属性为类属性 class，属性值为"aaa"；节点内容为 Python。

（2）创建 BeautifulSoup 对象。创建语句如下：

```
from bs4 import BeautifulSoup    #根据下载好的 HTML 网页字符串创建 Beautiful-
                                 #Soup 对象

soup = BeautifulSoup(
```

```
html_doc,                    # HTML 文档字符串
'html. parser'                # HTML 解析器
from_encoding＝'utf-8'         # HTML 文档编码
```

（3）搜索节点。利用 BeautifulSoup 包中提供的"过滤器"find_all()函数，可以将所有符合条件的内容以列表形式返回。我们按照四种不同的属性标准来查找目标节点。

① 查找所有标签为 a 的节点：

```
find_all(name,attrs,string)
soup. find_all('a')
```

② 查找所有标签为 a，链接符合/view/123. html 形式的节点：

```
soup. find_all('a',href＝'/view/123. html')
```

③ 用正则表达式匹配内容：

```
soup. find_all('a',href＝re. compile('aaa'))
```

④ 查找所有标签为 div，class 为 abc，文字为 Python 的节点：

```
soup. find_all('div',class_＝'abc',string＝'Python')
```

（4）列出完整的实例代码：

```
from bs4 import BeautifulSoup
soup ＝ BeautifulSoup(html_doc,'html. parser',from_encoding＝'utf-8')
soup. find_all('div',class_＝'abc',string＝'Python')
```

4. 网页解析器的实现思路

在 HtmlParser 类中编写函数：

（1）从 HTML 文档中获取相关链接。

（2）从 HTML 文档中获取有价值数据。

（3）调用上述两个函数，整合数据。

8.4.5 资源库

资源库，即选用合适的存储媒介来存储从网页中抓取到的数据记录，并提供生成索引的目标源，主要有四种存储方式。

1. 文件

常用的文件形式有 JSON、CSV、TXT、HTML、图片、视频、音频等。支持该种存储方式的常用 Python 库有 csv、xlwt、json、pandas、pickle、python-docx 等。

2. 数据库

数据库分为关系型数据库和非关系型数据库。常用的关系型数据库有 MySQL、Oracle，常用的非关系型数据库有 MongoDB、LevelDB、HBase 等。支

持该种存储方式的常用 Python 库有 pymysql、pymssql、redis-py、pymongo、py2neo、thrift 等。

3. 搜索引擎

搜索引擎有利于检索和实现文本匹配。常用的搜索引擎有 Solr、Elastic-Search 等，支持该种存储方式的常用 Python 库有 elasticsearch、pysolr 等。

4. 云存储

某些媒体文件可以存储在诸如七牛云、又拍云、阿里云、腾讯云、Amazon S3 等云端。支持该种存储方式的常用 Python 库有 qiniu、upyun、boto、azure-storage、google-cloud-storage 等。

具体选取哪一种存储方式，取决于选用哪种方式可以更好地应对实际的业务需求。本实战项目我们最终将抓取结果输出至 HTML 超文本文件中。

8.5　主要代码

8.5.1　调度程序代码

spider_main.py：

```python
from baike import url_manager, html_downloader, html_parser, html_optputer


class SpiderMain(object):

    def __init__(self):
        self.urls = url_manager.UrlManager()
        self.downloader = html_downloader.HtmlDownloader()
        self.parser = html_parser.HtmlParser()
        self.outputer = html_optputer.HtmlOutput()

    def craw(self, root_url):
        count = 1
        self.urls.add_new_url(root_url)
        while self.urls.has_new_url():
            try:
                new_url = self.urls.get_new_url()
                html_content = self.downloader.download(new_url)
```

```
                new_urls, new_data = self.parser.parse(new_url, html_content)
                self.urls.add_new_urls(new_urls)
                self.outputer.collect_data(new_data)
                if count == 10:
                    break
                count = count + 1
            except Exception as e:
                print('发生错误', e)
        self.outputer.output_html()


if __name__ == '__main__':
    spider = SpiderMain()
    spider.craw('https://baike.baidu.com/item/Python/407313')
```

8.5.2 URL 管理器代码

url_manager.py:

```
class UrlManager(object):
    def __init__(self):
        self.new_urls = set()
        self.old_urls = set()

    def add_new_url(self, root_url):
        if root_urlis None:
            return
        if root_urlnot in self.new_urlsand root_urlnot in self.old_urls:
            self.new_urls.add(root_url)

    def has_new_url(self):
        return len(self.new_urls) != 0

    def get_new_url(self):
        new_url = self.new_urls.pop()
        self.old_urls.add(new_url)
        return new_url
```

```
        def add_new_urls(self, new_urls):
            if new_urlsis None or len(new_urls) == 0:
                return
            for new_urlin new_urls:
                self. add_new_url(new_url)
```

8.5.3　网页下载器代码

html_downloader. py：

```
    import urllib. request


    class HtmlDownloader(object):
        def download(self, new_url):
            if new_urlis None:
                return
            response = urllib. request. urlopen(new_url)
            if response. getcode() ! = 200:
                return
            return response. read()
```

8.5.4　网页解析器代码

html_parser. py：

```
    import re
    import urllib. request

    from bs4 import BeautifulSoup

    class HtmlParser(object):
        def parse(self, new_url, html_content):
            if html_contentis None:
                return
            soup = BeautifulSoup(html_content, 'html. parser', from_encoding='utf-8')
            new_urls = self. get_new_urls(new_url, soup)
            new_data = self. get_new_data(new_url, soup)
            return new_urls, new_data


        def get_new_urls(self, new_url, soup):
```

```
            new_urls = set()
            links = soup. find_all('a', href=re. compile(r'/item'))
            for link in links:
                url = link['href']
                new_full_url = urllib. parse. urljoin(new_url, url)
                new_urls. add(new_full_url)
            return new_urls

    def get_new_data(self, new_url, soup):
        new_data = {}
        title_node = soup. find('dd', class_='lemmaWgt-lemmaTitle-title'). find('h1')
        new_data['title'] = title_node. get_text()

        summary_node = soup. find('div', class_='lemma-summary')
        new_data['summary'] = summary_node. get_text()

        new_data['url'] = new_url

        return new_data
```

8.5.5　程序输出代码

html_optputer. py:

```
class HtmlOutput(object):
    def __init__(self):
        self. datas = []

    def collect_data(self, new_data):
        if new_datais None:
            return
        self. datas. append(new_data)

    def output_html(self):
        file = open('output. html', 'w', encoding='utf-8')
        file. write('<html>')
        file. write('<body>')
        file. write('<table>')
        for data in self. datas:
```

```
        file. write('<tr>')
        file. write('<td>%s</td>' % data['url'])
        file. write('<td>%s</td>' % data['title'])
        file. write('<td>%s</td>' % data['summary'])
        file. write('</tr>')
file. write('</table>')
file. write('</body>')
file. write('</html>')
file. close()
```

参 考 文 献

［1］ Wesley Chun. Python 核心教程. 3 版. 北京：人民邮电出版社，2016.

［2］ Al Sweigart. Python 编程快速上手. 北京：人民邮电出版社，2016.

［3］ 李兴华. Java 开发实战经典. 北京：清华大学出版社，2009.

XDUP 569000

· 大数据教育丛书 ·

ISBN 978-7-5606-5388-4

9 787560 653884 >

封面设计：李尘工作室

课程学习平台

定价：36.00元

高等职业教育机电工程类系列教材

桌面3D打印机的
使用及维护

主　编◎关　雷　史子木　华学兵

西安电子科技大学出版社
http://www.xduph.com